U0589774

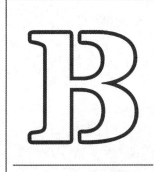

BLUE BOOK

智 库 成 果 出 版 与 传 播 平 台

河北食品安全蓝皮书

BLUE BOOK OF FOOD SAFETY OF HEBEI

河北食品安全研究报告
（2024）

ANNUAL REPORT ON FOOD SAFETY OF HEBEI

(2024)

组织编写／河北省人民政府食品安全委员会办公室

主　　编／何江海　张学军

副 主 编／贝 军 于 健 张树海 彭建强

社会科学文献出版社

SOCIAL SCIENCES ACADEMIC PRESS（CHINA）

图书在版编目（CIP）数据

河北食品安全研究报告. 2024 / 河北省人民政府食品安全委员会办公室组织编写. --北京：社会科学文献出版社，2024.11. --（河北食品安全蓝皮书）.
ISBN 978-7-5228-4492-3

Ⅰ. TS201.6

中国国家版本馆 CIP 数据核字第 2024SB2914 号

河北食品安全蓝皮书
河北食品安全研究报告（2024）

组织编写／河北省人民政府食品安全委员会办公室
主　　编／何江海　张学军
副主编／贝　军　于　健　张树海　彭建强

出 版 人／冀祥德
责任编辑／张丽丽
文稿编辑／吴尚昀
责任印制／王京美

出　　版／社会科学文献出版社·生态文明分社（010）59367143
　　　　　地址：北京市北三环中路甲 29 号院华龙大厦　邮编：100029
　　　　　网址：www. ssap. com. cn
发　　行／社会科学文献出版社（010）59367028
印　　装／天津千鹤文化传播有限公司

规　　格／开　本：787mm×1092mm　1/16
　　　　　印　张：15　字　数：222 千字
版　　次／2024 年 11 月第 1 版　2024 年 11 月第 1 次印刷
书　　号／ISBN 978-7-5228-4492-3
定　　价／138.00 元

读者服务电话：4008918866

序

　　民以食为天，食以安为先。食品安全关系人民群众的身体健康和生命安全，事关民生福祉和社会经济发展，是重大的、基本的民生工程。党的二十大报告明确将食品安全纳入国家安全、公共安全统筹部署，要求"强化食品药品安全监管"。做好食品安全工作，不断提升人民群众获得感、幸福感、安全感，既是政之所向，更是民之所望，是以习近平新时代中国特色社会主义思想为指导，坚决贯彻落实"四个最严"要求和以人民为中心发展思想的重要举措。近年来，党中央、国务院始终把食品安全放在重要位置，并出台了一系列有关食品安全的重大决策部署和法规制度。河北省委、省政府坚决贯彻落实习近平总书记重要指示精神和党中央、国务院决策部署，齐抓共管、协同共治，积极推动全省食品安全形势持续稳定向好。

　　河北省人民政府食品安全委员会办公室、省市场监督管理局会同省农业农村厅、省卫生健康委、省公安厅、省社科院等有关部门联合编创并出版发行的《河北食品安全研究报告》，全面客观地反映了河北省食品安全状况和治理成效，对食品安全工作中存在的问题及成因进行了深入分析，充分借鉴国外和先进省市经验做法，在持续推进食品安全工作改革创新、不断推动河北省食品安全领域体系建设和制度完善等方面，发挥了积极作用。《报告》以理论为指导，理论联系实际，引用典型案例，致力于从理论创新研讨推动监管实践，发挥理论基础研究对监管工作实践的巨大推动作用。随着经济社会发展，本书研究的食品安全课题和方向也将随着食品安全问题的不断演变而调整变化，与时俱进呈现时代性、包容性、引领性。

食品安全是一个永恒课题，是人民群众关注、政府高度重视的热点和焦点。食品安全与公众的身体健康紧密相连，当前我国已步入高质量发展阶段，人民对美好生活的需求愈加强烈，对食品安全提出了更高的要求。随着时间推移和经济社会发展，本书研究的内容和问题将持续拓展和完善，以便读者全面了解河北食品安全状况，为政府决策和省内外食品安全研究工作者提供借鉴。

中国工程院院士

2024 年 9 月

摘　要

　　民之所盼，政之所向。食品安全关系人民群众身体健康和生命安全，党的十八大以来，以习近平同志为核心的党中央坚持以人民为中心的发展思想，将食品安全工作放在"五位一体"总体布局和"四个全面"战略布局中统筹谋划部署，从党和国家事业发展全局、实现中华民族伟大复兴中国梦的战略高度，在体制机制、法律法规、产业规划、监督管理等方面采取了一系列重大举措。河北省委、省政府认真贯彻党中央、国务院决策部署，食品产业快速发展，全过程监管体系逐步健全，检验检测能力不断提高，重大食品安全风险得到控制，人民群众饮食安全得到保障，食品安全形势不断平稳向好。

　　2023 年，河北省各级各有关部门坚持以习近平新时代中国特色社会主义思想为指导，深入贯彻党中央、国务院决策部署，深入践行以人民为中心的发展思想，坚持问题导向，强化底线思维，全面落实"四个最严"要求，标本兼治、综合施策，全省监管体系日趋完善，技术支撑不断强化，治理能力持续提升，全省未发生较大及以上食品安全事故。2023 年，反映食品总体安全状况的国家评价性抽检合格率达 99.85%，坚持问题导向以排查风险为目的的监督抽检合格率达 98.37%。食品安全群众满意度得分提升至83.97 分。在国家食品安全工作评议考核中获得 A 等次。

　　《河北食品安全研究报告》（下称《报告》）自 2015 年起，连续九年由河北省人民政府食品安全委员会办公室、省市场监管局会同省农业农村厅、省公安厅、省卫生健康委、省林业和草原局、石家庄海关、省社会科学院等

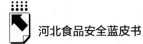

部门联合研创，全面展示河北省食品安全状况，客观评价食品安全保障工作成效，剖析食品安全工作中存在的问题及成因，探索研究食品安全样板发展路径和先进治理模式，是省内外全面了解河北食品安全、研究年度食品安全状况和食品监管热点问题的重要文献，供省领导决策参考，支撑社会科学研究。

《报告》分为总报告、分报告和专题报告3个部分。总报告全面展现了河北省食品安全状况。分报告由6篇调查报告组成，分析了河北省蔬菜水果、畜产品、水产品、食用林产品安全状况，以及食品安全监督抽检、进出口食品质量安全监管状况，剖析其存在的问题，并提出对策建议。专题报告涵盖建立和完善食品安全保障体系、肉及肉制品中致病菌的快速检测技术研究进展、国内外食品营养标签现状及管理对策分析、2023年河北省食品安全群众满意度调查报告4方面内容，多角度对食品安全工作进行深入分析。《报告》3个部分涵盖面广、内容丰富，文字精练、数据翔实，分析客观、施策精准，为公众全面深入了解河北省当前食品安全状况提供了科学参考。

《报告》坚持深化改革创新，注重风险问题的交流，具有系统、客观、导向鲜明三个特点。一是从农产品到食品工业的质量安全状况，全面系统地展示了食品和食品相关产品的总体安全形势和发展状况，是评估和研究省级食品安全形势和发展的重要资料。二是《报告》所采用的数据来自职能部门的第一手资料，准确客观地反映了河北省食品安全整体状况，是政府和相关部门研究决策以及民众了解相关信息的重要渠道。三是《报告》坚持问题导向，对河北省食品安全状况进行了深入分析研究，探讨河北省食品安全监管面临的理论和实践问题，总结食品安全工作中的创新实践，借鉴外省先进经验，从理论和实践两个方面推动河北食品安全工作。

食品安全责任重大，需要全社会共同参与，党委和政府要强化领导，职能部门要依法监管，经营主体要诚信自律，要畅通群众监督、舆论监督渠道，营造人人关心食品安全、人人维护食品安全的良好社会氛围，形成食品安全社会共治的良好局面。食品安全的研究与实践是一个不断探索完善的过程，我们欢迎学术界、法律界、科技界更多地参与食品安全理论和实践研究，力争从专业角度争取各方对河北食品安全工作的建议和指导，为河北食品安全持续平稳向好发展提供有力保障，守护好人民群众"舌尖上的安全"。

关键词： 河北　食品安全　监督管理　质量状况　创新实践

Abstract

The wishes of the people should always determine the aim of our governance. Food safety is essential for people to maintain safe and healthy livings. Since the 18th CPC National Congress, the Party Central Committee with Xi Jinping as the core has adhered to the thought of people-centered development and placed food safety in the overall layout of the "Five-sphere Integrated Plan" and the "Four-pronged Comprehensive Strategy". From the strategic height of developing the overall cause of the Party and the country and realizing the Chinese Dream of the great rejuvenation of the Chinese nation, a series of significant measures have been taken in areas such as institutional mechanisms, legal regulations, industry planning, and supervision and management. Hebei Provincial Party Committee and Provincial Government have thoroughly implemented the deployment of the Party Central Committee and the State Council. As a result, the food industry has developed rapidly, a comprehensive supervision system has been gradually established, testing and inspection capabilities have continuously improved, major food safety risks have been controlled, the public's food safety has been assured, and the overall food safety situation has steadily improved.

In 2023, the relevant departments at all levels in Hebei Province, guided by Xi Jinping Thought on Socialism with Chinese Characteristics for a New Era, thoroughly implemented the decision and deployment of the Party Central Committee and the State Council, deeply practiced the people-centered development philosophy, maintained a problem-oriented approach, and strengthened bottom-line thinking. The "Four Strictest Principle" requirements were comprehensively implemented, with both root causes and symptoms being addressed through comprehensive measures. The provincial regulatory system has become increasingly refined, technical support has been continuously strengthened, and governance capabilities have steadily improved. No major food safety incidents occurred in the province in 2023. The national assessment sampling pass rate, reflecting the overall food safety situation, reached 99.85%, and the pass rate for supervision sampling, aimed at risk identification, reached 98.37%. Public satisfaction with food safety increased to 83.97. The province received an "A" rating in the national evaluation of food safety work.

Since 2015, the *Hebei Food Safety Research Report* (hereinafter referred to as the *Report*) has been jointly developed for nine consecutive years by Food Safety Committee Office of Hebei Provincial Government, Hebei Administration for Market Regulation, along with Agriculture and Rural Affairs Department of Hebei Province, Hebei Provincial Public Security Department, Hebei Provincial Health Commission, Hebei Forestry and Grassland Bureau, Shijiazhuang Customs, and Hebei Academy of Social Sciences and other departments. The Report comprehensively showcases the food safety situation in Hebei Province, objectively evaluates the effectiveness of food safety assurance efforts, analyzes the problems and causes in food safety work, and explores model development paths and advanced governance models for food safety. It serves as an important document for comprehensively understanding food safety in Hebei, studying the annual food safety situation, and addressing food safety regulatory issues. It also provides reference for provincial leadership decision-making and supports social science research.

The *Report* is divided into three parts: General Report, Sub-Reports and Special Reports. The General Report comprehensively shows the food safety situation of Hebei Province. The Sub-Reports consist of six investigative reports that analyze the safety of vegetables and fruits, livestock products, aquatic products, edible forest products, as well as the sampling inspection in food safety supervision, and the quality and safety supervision of imported and exported food in Hebei Province, which examine the existing issues and propose countermeasures. The Special Reports cover four areas: the comprehensive construction of food safety assurance system, research progress on rapid detection technology for pathogenic bacteria in meat and meat products, current situation

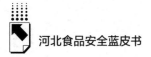

and management countermeasures analysis of food nutrition labels at home and abroad, and 2023 public satisfaction survey report on food safety in Hebei Province, which provide in-depth analysis of food safety work from multiple perspectives. The three parts of the Report are broad in scope, rich in content, concise in language, detailed in data, objective in analysis, and precise in policy recommendations, offering a scientific reference for the public to comprehensively and deeply understand the current food safety situation in Hebei Province.

The *Report* is committed to deepening reform and innovation, with a focus on the exchange of risk-related issues. It has three key characteristics: systematic, objective, and clearly directed. First, it comprehensively and systematically presents the overall development of the safety of food and related products, from agricultural products to the food industry, making it an important resource for assessing and studying the provincial food safety situation and development. Second, the data used in the *Report* comes from first-hand information provided by functional departments, accurately and objectively reflecting the overall food safety situation in Hebei Province. It serves as an important channel for government and relevant departments to conduct research and make decisions, as well as for the public to understand related information. Third, the *Report* maintains a problem-oriented approach, conducting in-depth research and analysis of the food safety situation in Hebei Province, exploring theoretical and practical challenges faced in food safety regulation, summarizing innovative practices in food safety work, and drawing on advanced experiences from other provinces to promote food safety work in Hebei from both theoretical and practical perspectives.

Food safety is a significant responsibility that requires the participation of the entire society. The Party and government must strengthen leadership, functional departments must regulate according to the law, business entities must maintain integrity and self-discipline, and channels for public and media supervision must be open. A positive social atmosphere should be created where everyone cares about and protects food safety, forming a favorable environment for social co-governance of food safety. The research and practice of food safety is a process of continuous exploration and improvement. We welcome the academic, legal and scientific circles to participate in the theoretical research and practice, and strive to seek professional suggestions and guidance from all parties on food safety in Hebei, so as to provide a strong guarantee for the sustainable and balanced development of food safety in Hebei, and ensure food safety for people.

Keywords: Hebei; Food Safety; Supervision and Management; Quality Status; Innovative Practices

目 录 ◹

I 总报告

II 分报告

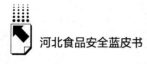

皮书数据库阅读**使用指南**

CONTENTS ↘

I   General Report

II   Sub–Reports

Ⅲ   Special Reports

总报告

B.1

2023年河北省食品安全报告

摘　要： 2023年，河北省坚持以习近平新时代中国特色社会主义思想为指导，深入贯彻党中央、国务院决策部署，全面落实"四个最严"要求，标本兼治、综合施策，全省未发生较大及以上食品安全事故。截至2023年底，全省获证食品生产企业8549家，销售环节取得食品经营许可和备案的主体共464827家，食品"三小"（食品小作坊、小餐饮、食品小摊点）登记备案341913户。2023年，全省各级各有关部门深入开展了农兽药残留超标、农用地土壤镉等重金属污染、网络订餐食品安全、学校食堂"互联网+明厨亮灶"提质增效、校园食品安全等系列专项整治行动，严厉查处一批食品安全违法犯罪行为，有效净化了食品市场环境，全年食用农产品、加工食品、食品相关产品监督抽检合格率保持较高水平，全省食品安全总体状况良好。2024年，河北省将继续贯彻落实"四个最严"要求，强化全环节全链条食品安全监管，持续开展专项整治，严把从农田到餐桌每一道关口，严管严防严控食品安全风险，全面推动食品安全社会共治共享，全力推进食品安全治理体系和治理能力现代化，坚决守护好人民群众"舌尖上的安全"。

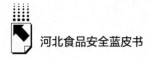

关键词： 食品安全 食品监管 河北

2023 年，中共河北省委、河北省人民政府坚持以习近平新时代中国特色社会主义思想为指导，深入贯彻党中央、国务院决策部署，践行以人民为中心的发展思想，坚持问题导向，强化底线思维，全面落实"四个最严"要求，标本兼治、综合施策，全省监管体系日趋完善，技术支撑不断强化，治理能力持续提升，未发生较大及以上食品安全事故。2023 年，反映食品总体安全状况的国家评价性抽检合格率达 99.85%，坚持问题导向以排查风险为目的的监督抽检合格率达 98.37%。食品安全群众满意度得分提升至 83.97 分。2023 年度河北省在国家食品安全工作评议考核中获得 A 等次。

一 食品产业概况

河北是农业大省，是国家粮食主产省之一，年产蔬菜、果品、禽蛋、肉类、奶类等各类鲜活农产品超亿吨，在全国占有重要地位，是京津地区重要的农副产品供应基地。

（一）食用农产品

1. 蔬菜

2023 年，河北省蔬菜播种面积 1266.0 万亩，总产量 5498.5 万吨（见图 1），各项指标均保持较高水平，尤其 2023 年河北省蔬菜单产居全国第 1 位，是北方设施蔬菜重点省和供京津蔬菜第一大省，其中设施蔬菜面积达 350.2 万亩，是全国为数不多可周年生产蔬菜的省份，在保障全国尤其是京津蔬菜日常消费和应急供应中发挥着不可替代的重要作用。

2. 畜产品

2023 年，全省畜牧业产值 2395 亿元，占农业总产值的 30.8%；全省肉类产量 491.1 万吨、禽蛋产量 404.6 万吨、生鲜乳产量 571.9 万吨，

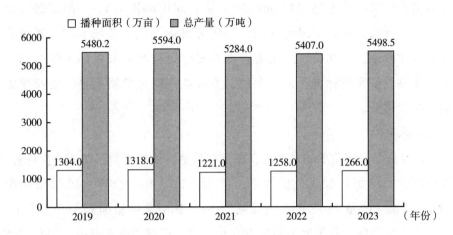

图1 2019~2023年河北省蔬菜播种面积和总产量情况

资料来源：河北省农业农村厅。

同比分别增长3.3%、1.6%、4.6%（见图2）。畜产品监测总体合格率达到99.9%，全省未发生较大及以上畜产品质量安全事件。奶业生产逆势增长，奶牛存栏151万头，同比增长2%，君乐宝悦鲜活在高端鲜奶市场

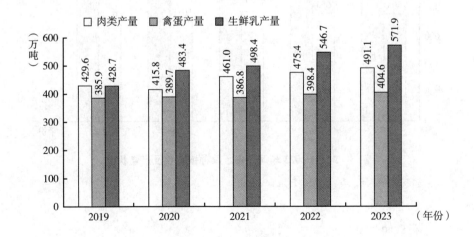

图2 2019~2023年河北省畜禽产品产量状况

资料来源：河北省农业农村厅。

份额占全国第一。生猪出栏 3648.4 万头，同比增长 4.1%，能繁母猪存栏 171.7 万头，在正常绿色区间。创建部级标准化示范场 6 家、省级标准化场 100 家，河北美客多家禽育种有限公司被农业农村部确定为第一批农业高质量发展标准化示范项目，畜牧业高质量发展水平和支撑保障能力持续提升。

3. 水果

河北省是全国重要的水果生产和供应基地，依托资源禀赋和区位优势，生产产能始终保持稳定，位居全国前列。2023 年，全省水果种植面积690.8 万亩、产量 1166.6 万吨（见图 3）。其中梨种植面积 166.2 万亩、产量 395.7 万吨，苹果种植面积 166.6 万亩、产量 269.6 万吨，葡萄种植面积 62.2 万亩、产量 136.7 万吨，桃种植面积 95.3 万亩、产量 179.6 万吨，各项指标均处于全国领先位置。

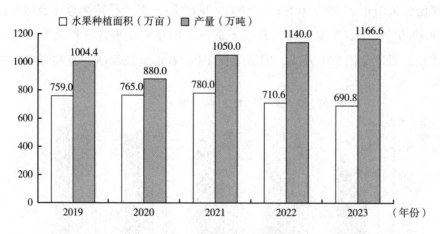

图 3　2019～2023 年河北省水果种植面积及产量状况

资料来源：河北省农业农村厅。

4. 水产品

2023 年，河北省水产品产量 114.70 万吨，市场份额始终保持稳定（见图 4）。特色水产品生产规模居全国前列，河鲀、扇贝、中国对虾均居全国第 2 位，鲆鲽居全国第 3 位，海参居全国第 4 位，鲟鱼居全国第 5 位，梭子蟹居全国第6位。新创建国家级水产良种场1家、国家级水产健康养殖和生态养殖示范区6家、国家级海洋牧场示范区1家。新认定国家水产品新品种2个，分别为中国对虾"黄海6号"和红鳍东方鲀"天正1号"。

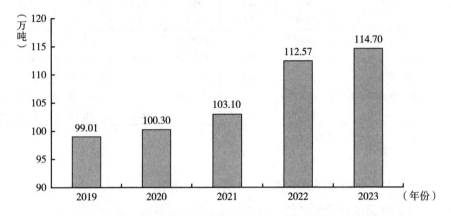

图4　2019~2023年河北省水产品产量状况

资料来源：河北省农业农村厅。

（二）食品工业

河北省食品工业门类齐全，食品工业包含农副食品加工业，食品制造业，酒、饮料和精制茶制造业，烟草制品业四大类、23个中类、64个小类的产业体系。

1. 食品工业发展情况概况

2023年河北省规模以上食品工业企业1357家（较2022年增加99家），实现营业收入4198.95亿元，同比增长2.0%，占全省工业营业收入的8.14%，居全国第9位；营业成本为3588.62亿元，同比增长2.7%；实现利润总额123.84亿元，同比下降2.2%，占全省利润总额的10.62%（见表1）。食品工业增加值同比累计增长2.9%，低于全省累计增长速度4个百分点，占全省工业的7.1%，累计拉动工业增长速度0.2个百分点。

表1　2023年河北省食品工业主要经济指标完成情况

单位：亿元，%

行业	资产合计		营业收入		利润总额	
	累计完成	同比增长	累计完成	同比增长	累计完成	同比增长
食品工业总计	3700.08	2.7	4198.95	2.0	123.84	-2.2
农副食品加工业	1891.20	0.9	2512.39	3.9	11.13	-66.3
食品制造业	1002.11	5.0	1029.02	0.1	58.81	33.2
酒、饮料和精制茶制造业	659.27	3.3	342.38	2.9	43.41	-1.0
烟草制品业	147.50	8.0	315.17	-6.8	10.50	87.4

资料来源：河北省工业和信息化厅。

2. 食品工业销售产值、出口交货值、产销率情况

（1）食品工业销售产值

2023年食品工业销售产值同比增长2.5%。农副食品加工业销售产值同比增长2.2%；食品制造业工业销售产值同比增长0.2%；酒、饮料和精制茶制造业工业销售产值同比增长8.5%；烟草制品业工业销售产值同比增长5.1%。

（2）出口交货值

2023年河北省食品工业出口交货值同比下降1.6%，其中，农副食品加工业出口交货值同比下降2.9%；食品制造业出口交货值同比增长3.7%；酒、饮料和精制茶制造业出口交货值同比下降5.8%。

（3）产销率

2023年河北省规模以上食品工业产销率为99.1%，其中，农副食品加工业产销率为99.8%；食品制造业产销率为98.4%；酒、饮料和精制茶制造业产销率为99%；烟草制品业产销率为96.6%。

3. 主要产品产量情况

2023年在入统的34种产品中，有18种产品正增长，占统计品种的52.94%，精制食用植物油、大米、速冻米面食品、婴幼儿配方乳粉、乳粉、酱油、冷冻水产品、发酵酒精、营养保健食品、冷冻饮品、包装饮用水、果酒及配制酒、啤酒、焙烤松脆食品、膨化食品、卷烟 16 种产品负增长。

精制食用植物油产量占全部食品产量的 20.57%，12 月当月产量为 26.51 万吨，同比下降 10.7%；累计产量为 253.05 万吨，同比下降 1.1%。

谷物磨制行业产量占全部食品产量的 9.97%，其中小麦粉 12 月当月产量为 98.97 万吨，同比下降 0.1%；累计产量为 1164.82 万吨，同比增长 1.4%。大米 12 月当月产量为 5.05 万吨，同比下降 6.8%；累计产量为 50.54 万吨，同比下降 6.2%。

屠宰及肉类加工行业产量占全部食品产量的 12.89%，其中鲜、冷藏肉 12 月当月产量为 21.8 万吨，同比增长 19.4%；累计产量为 221.13 万吨，同比增长 11.4%。冻肉 12 月当月产量为 1.96 万吨，同比增长 11.6%；累计产量为 23.34 万吨，同比增长 9.5%。熟肉制品 12 月当月产量为 0.94 万吨，同比下降 8.8%；累计产量为 11.59 万吨，同比增长 2.7%。

乳制品制造业产量占全部食品产量的 10.75%，12 月当月产量为 31.19 万吨，同比增长 2.2%；累计产量为 377.2 万吨，同比增长 2.3%。其中液体乳 12 月当月产量为 30.17 万吨，同比增长 2.9%；累计产量为 367.14 万吨，同比增长 2.5%。婴幼儿配方乳粉 12 月当月产量为 0.32 万吨，同比增长 41.3%；累计产量为 3.45 万吨，同比下降 25.2%。乳粉 12 月当月产量为 0.97 万吨，同比下降 17.3%；累计产量为 9.46 万吨，同比下降 7.2%。

酒、饮料及精制茶行业产量占全部食品产量的 8.15%，其中饮料行业 12 月当月产量为 36.31 万吨，同比下降 0.9%；累计产量为 555.95 万吨，同比增长 2.8%。饮料酒行业 12 月当月产量为 13 万吨，同比下降 16.6%；累计产量为 194.95 万吨，同比下降 2%。

烟草制品业产量占全部食品产量的 7.51%，12 月当月产量为 30.31 亿支，同比增长 4.4%；累计产量为 791.58 亿支，同比下降 0.1%。

4. 食品工业基本结构

（1）企业所有制结构

河北省食品行业所有制是国有、民营和股份制并存。全省规模以上企业中国有企业占 3%，民营企业占 80%，合资、外商独资企业占 17%。

（2）产业分布格局

小麦粉和方便面加工企业主要集中在邯郸、邢台、保定3市；食用植物油加工企业主要分布在石家庄、秦皇岛、廊坊和衡水4市；乳制品加工企业现已完成全省布局，除秦皇岛以外，其他市都有分布；大型肉类加工企业主要分布在石家庄、邯郸、廊坊、唐山、秦皇岛5市；白酒大型加工企业主要分布在邯郸、衡水、保定、承德、沧州、邢台6市；啤酒加工企业主要分布在张家口、唐山、衡水、石家庄4市；葡萄酒加工企业主要分布在秦皇岛（昌黎产区）、张家口（怀涿产区）2市；植物蛋白饮料加工企业和含乳饮料加工企业主要分布在石家庄、衡水、承德、沧州4市；海洋食品加工继续向秦皇岛、唐山、沧州等沿海地区城市集中；畜禽加工向石家庄、邢台、邯郸、保定等畜禽主产养殖区集中；果蔬加工向环京津地市和太行山沿线城市等区域集中或转移；豆制品加工企业主要分布在保定（高碑店）；调味品加工企业主要分布在石家庄、保定、廊坊、邯郸4市；烟草制品企业分布在保定、石家庄、张家口3市。

（3）河北省及各市食品工业发展情况

2023年河北省规模以上食品工业企业1357家，实现营业收入4198.95亿元，石家庄、廊坊、邢台在营业收入方面位居前3（见表2）。

表2　2023年全省及各市食品工业主要指标情况

地市	企业数（家）	营业收入累计完成（亿元）	营业收入同比增长率（%）	利润总额累计完成（亿元）	利润总额同比增长率（%）
河北省	1357	4198.95	2.0	123.84	-2.2
石家庄	211	606.42	-7.8	21.26	28.6
唐山	173	358.43	5.0	8.84	4.9
秦皇岛	65	326.13	-8.3	4.50	-29.8
邯郸	189	270.24	5.1	8.01	-14.5
邢台	120	546.07	1.9	5.00	-45.9
保定	158	403.80	4.4	11.08	-3.6
张家口	70	263.16	5.0	11.82	61.6
承德	45	126.61	-0.4	8.90	-19.6

地市	企业数（家）	营业收入累计完成（亿元）	营业收入同比增长率（%）	利润总额累计完成（亿元）	利润总额同比增长率（%）
沧州	113	284.60	23.0	5.27	662.0
廊坊	96	640.04	9.8	14.23	−26.6
衡水	65	213.80	−2.8	19.47	−3.1
定州	18	35.69	1.0	2.24	8.6
辛集	26	62.16	−7.3	−0.70	−824.9
雄安新区	9	20.66	−6.5	0.56	−49.2

资料来源：全省数据来源于河北省工业和信息化厅，各地市数据来源于河北省食品工业协会。

（4）人力资源结构

2023年河北省规模以上入统企业员工18.5万人，同比下降2.1%。其结构为经营管理人员、专业技术人员、技能人员、岗位操作工。较大规模企业的经营管理人员具有大专以上学历，并有高级工程师、硕士研究生、博士研究生等高职称、高学历人员，有的建立了博士后工作站，技能人才得到培养、选拔，技师、高级技师人才占比高；中小企业经营管理人员具有大专、中专及以上学历，培养技能人才的意识增强，管理水平及员工素质水平不断提高。

5. 食品产业基本情况

（1）食品市场情况

从河北省优势食品在全国市场占有率情况来看，方便面产量在全国居第2位，小麦粉产量居全国第5位，葡萄酒产量居全国第7位，乳制品产量居全国第2位，罐头、发酵酒精、啤酒、糖果、果汁和蔬菜汁饮料产量均居全国第11位，精制食用植物油、白酒均居全国第13位。养元牌核桃乳饮料、君乐宝牌乳制品、今麦郎牌方便面、露露牌杏仁露、五得利牌小麦粉、汇福牌食用植物油、长城牌葡萄酒、衡水牌老白干、丛台牌白酒、山庄牌白酒等一大批产品在省内具有较高的市场占有率。

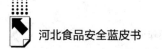

（2）国家与省级企业技术中心建设情况

2023年全省食品行业有国家级技术中心3家、省级企业技术中心53家。

（3）技改投资情况

2023年食品行业工业在建项目数量同比下降9.9%，投资同比增长13.2%，占全省投资的4.5%，其中：农副食品加工业投资同比增长4.4%，食品制造业投资同比增长7.9%，酒、饮料和精制茶制造业投资同比增长80.5%，烟草制品业投资同比增长35.5%。

技改投资同比下降5.8%，占全省技改投资的3.9%，其中：农副食品加工业技改投资同比下降5.8%，食品制造业技改投资同比下降16.1%，酒、饮料和精制茶制造业技改投资同比增长77.8%，烟草制品业技改投资同比增长35.5%。

（4）品牌建设水平持续提升

河北省食品品牌建设水平不断提升，现已培育形成衡水老白干、今麦郎等9大领军企业，拥有河北省知名品牌233个，中华老字号20项，有包括今麦郎、六个核桃、君乐宝、老白干等106个特色品牌。

（5）食品工业经济效益分析

①农副食品加工业经济效益

农副食品加工业营业收入为2512.39亿元，同比增长3.9%，占全国的4.65%；营业成本为2411.98亿元，同比增长5.4%；利润总额为11.13亿元，同比下降66.3%，占全国的0.8%。

食用植物油加工业营业收入占全省食品工业营业收入的20.57%，营业收入完成863.83亿元，同比增长5.6%；利润总额完成6.61亿元，同比下降40.2%。

谷物磨制行业营业收入占全省食品工业营业收入的9.97%，营业收入完成418.72亿元，同比增长0.1%，利润总额完成2.81亿元，同比下降76.3%。

屠宰及肉类加工行业营业收入占全省食品工业营业收入的12.89%，营业收入完成 541.35 亿元，同比增长 5.2%，利润总额亏损 3.41 亿元，同比下降 27.3%。

蔬菜、菌类、水果及坚果加工行业营业收入占全省食品工业营业收入的 1.64%，营业收入完成 68.8 亿元，同比下降 2.2%，利润总额完成 2.13 亿元，同比下降 27.8%。

②食品制造业经济效益

食品制造业营业收入为 1029.02 亿元，同比增长 0.1%，占全国的 5.02%；营业成本为 839.33 亿元，同比增长 0.2%；利润总额为 58.81 亿元，同比增长 33.2%，占全国的 3.52%。

乳制品制造业营业收入占全省食品工业营业收入的 10.75%，营业收入为 451.52 亿元，同比下降 6.5%；利润总额为 27.03 亿元，同比增长 46.7%。

方便食品制造业营业收入占全省食品工业营业收入的 4.56%，营业收入为 191.56 亿元，同比增长 11.6%；利润总额为 2.28 亿元，同比增长 167.8%。

焙烤食品制造业营业收入占全省食品工业营业收入的 2.87%，营业收入为 120.31 亿元，同比增长 7.2%；利润总额为 13.17 亿元，同比增长 3%。

糖果、巧克力及蜜饯制造业营业收入占全省食品工业营业收入的 1.15%，营业收入为 48.26 亿元，同比增长 5.6%；利润总额为 7.38 亿元，同比增长 55.7%。

罐头食品制造业营业收入占全省食品工业营业收入的 0.78%，营业收入为 32.68 亿元，同比增长 7.1%；利润总额为 1.34 亿元，同比增长 5.5%。

调味品及发酵制品制造业营业收入占全省食品工业营业收入的 1.13%，营业收入为 47.50 亿元，同比增长 1.4%；利润总额为 0.79 亿元，同比下降 9.3%。

③酒、饮料和精制茶制造业经济效益

酒、饮料和精制茶制造业营业收入为 342.38 亿元，同比增长 2.9%，占全国的 2.21%；营业成本为 240.26 亿元，同比增长 1.6%；利润总额为 43.41 亿元，同比下降 1.0%，占全国的 1.4%。

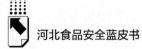

饮料制造业营业收入占全省食品工业营业收入的 4.33%，营业收入为
181.94 亿元，同比增长 0.8%；利润总额为 30.76 亿元，同比增长 6.9%。

酒的制造业营业收入占全省食品工业营业收入的 3.81%，营业收入为
159.83 元，同比增长 5.4%；利润总额为 12.62 亿元，同比下降 16.3%。

④烟草制品业经济效益

烟草制品业营业收入为 315.17 亿元，同比下降 6.8%，占全国的
2.36%；营业成本为 97.05 亿元，同比下降 26%；利润总额为 10.50 亿元，
同比增长 87.4%，占全国的 0.7%。

（三）食品经营主体

截至 2023 年底，河北省食品销售环节取得食品经营许可和备案的主体
共 464827 家（见表 3），其中取得食品经营许可（销售类）的主体有
303723 家，取得仅销售预包装食品备案的主体有 161104 家（见表 3）。按规
模划分，营业面积在 1001 平方米及以上的大型食品销售企业有 2493 家；营
业面积在 501~1000 平方米的中型食品销售企业有 2806 家；营业面积在 500
平方米及以下的小型食品销售经营主体有 459528 家。

表 3　2023 河北省各类主体分布情况（销售环节）

单位：家

地市	食品经营许可（销售类）	仅销售预包装食品备案	合计
石家庄	43257	33438	76695
承德	18493	7707	26200
张家口	26565	5689	32254
唐山	36851	16892	53743
秦皇岛	16207	7537	23744
廊坊	24225	10978	35203
保定	36244	22092	58336
沧州	23526	13473	36999
衡水	18133	7195	25328
邢台	21157	11820	32977
邯郸	30613	16680	47293

续表

地市	食品经营许可（销售类）	仅销售预包装食品备案	合计
雄安新区	4642	3052	7694
定州	1906	3031	4937
辛集	1904	1520	3424
总计	303723	161104	464827

资料来源：河北省市场监督管理局。

河北省餐饮服务环节取得食品经营许可的主体共 199675 家，其中社会餐饮服务经营者 161043 家、单位食堂 38632 家（见表 4）。

表 4　2023 年河北省各类主体分布情况（餐饮服务环节）

单位：家

地市	食品经营许可（社会餐饮）	食品经营许可（单位食堂）	合计
石家庄	21286	6391	27677
承德	10643	1976	12619
张家口	11827	1914	13741
唐山	15952	3851	19803
秦皇岛	8982	1409	10391
廊坊	17075	3594	20669
保定	19910	4953	24863
沧州	12538	3239	15777
衡水	9565	2211	11776
邢台	11543	3952	15495
邯郸	17869	4061	21930
雄安新区	1131	402	1533
定州	1398	435	1833
辛集	1324	244	1568
总计	161043	38632	199675

资料来源：河北省市场监督管理局。

2023 年省级共完成网络食品交易、餐饮服务第三方平台备案 41 家。销售和餐饮环节食品安全形势总体平稳。群众诉求主要集中在食品中出现异

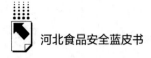

物、过期变质等方面。

全省食品"三小"（食品小作坊、小餐饮、食品小摊点）登记备案341913户，其中登记（告知承诺制）食品小作坊26614户、小餐饮228324户，备案食品小摊点86975户。

二　食品质量安全概况

2023年河北省食品质量安全状况总体良好，食用农产品、加工食品、食品相关产品监督抽检合格率继续保持较高水平，全省食品安全形势平稳。

（一）粮食质量安全状况

新收获粮食监测情况。2023年全省共检验新收获粮食样品4350份，其中小麦1757份、玉米2482份、花生97份、葵花籽14份，覆盖全省134个县（市、区）2093个村。从监测结果看，河北省2023年新收获粮食总体质量较好，质量指标全部合格。

库存粮食监测情况。2023年全省共扞取地方政策性库存粮食样品218份，其中小麦166份、玉米40份、粳稻谷4份、大豆油8份，全部进行检验。从监测结果来看，库存粮食质量良好，质量达标率为99.4%，1份小麦样品不完善粒超标。

（二）种养殖环节食用农产品质量安全状况

2023年河北省对11个设区市、定州和辛集2个直管市、雄安新区开展省级监测工作，共抽检种植产品、畜禽产品和水产品三大类产品172项参数24081个样品，总体抽检合格率为99.5%（见图5），与上年度基本持平。

种植产品共抽检12758个样品，监测品种涉及韭菜、豇豆、豆角、尖椒、青椒、大白菜、番茄、黄瓜、冬瓜、西兰花、土豆、胡萝卜、生菜、苹果、梨、葡萄等71个品种，基本涵盖了全省蔬菜、水果品种。监测参数涉及克百威等共98种农药。检测参数100个，共检出83个样品不合格，

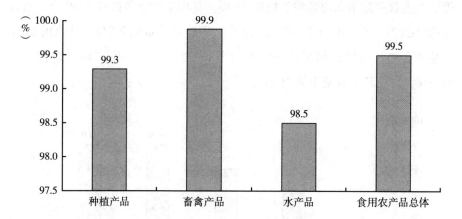

图5　2023年河北省食用农产品质量安全监测合格率

资料来源：河北省农业农村厅。

抽检合格率为99.3%。其中，蔬菜抽检合格率为99.3%，水果抽检合格率
为100%（见图6）。

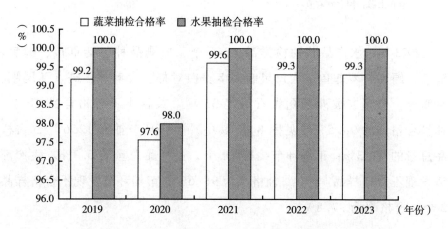

图6　2019~2023年河北省种植产品质量安全监测合格率

资料来源：河北省农业农村厅。

　　2023年，畜禽产品共抽检9977个样品，监测猪肉（肝）、牛肉（肝）、
羊肉（肝）、鸡蛋、鸡肉、生鲜乳6类产品，监测参数涉及β-受体激动剂

等十大类兽药残留和违禁添加物质 41 项。其中生产环节抽样 9760 个，占样品总量的 97.8%；市场环节抽样 217 个，占样品总量的 2.2%。共检出 14 个样品不合格，抽检合格率为 99.9%（见图 7）。其中，生产环节合格率为 99.9%，市场环节合格率为 100%。

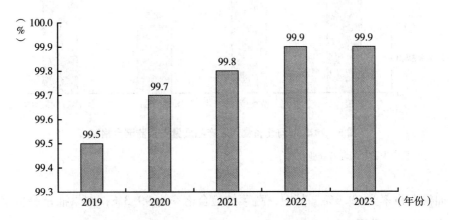

图 7　2019～2023 年河北省畜禽产品质量安全监测合格率

资料来源：河北省农业农村厅。

2023 年，水产品共抽检样品 1346 个，监测品种包括草鱼、鲤鱼、鲫鱼、鲟鱼、罗非鱼、大口黑鲈、南美白对虾、大菱鲆、斑点叉尾鮰、乌鳢等。监测参数涉及孔雀石绿等 33 项。共检出不合格样品 20 个，抽检合格率为 98.5%（见图 8）。其中，生产环节抽样 1256 个，占样品总量的 93.3%；市场环节抽样 90 个，占样品总量的 6.7%。生产环节发现不合格样品 18 个，合格率为 98.6%；市场环节发现不合格样品 2 个，合格率为 97.8%。

（三）生产经营环节食品质量安全状况

2023 年，河北省市场监管系统开展的食品安全抽检监测包括四级五类任务：国家市场监督管理总局交由河北省承担的国家抽检任务〔国抽（转地方），以下简称"国抽"〕；省本级抽检监测任务（以下简称"省抽"）；

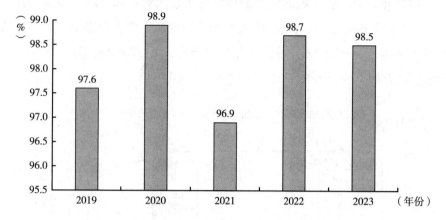

图8　2019~2023年河北省水产品质量安全监测合格率

资料来源：河北省农业农村厅。

市本级抽检监测任务（以下简称"市抽"）；县本级抽检监测任务（以下简称"县抽"）；市、县级食用农产品抽检任务（国家市场监督管理总局统一部署，市、县两级承担，以下简称"市县农产品"）。

2023年，河北省国抽、省抽、市抽、县抽、市县农产品四级五类任务共完成监督抽检415500批次，其中合格样品408707批次，总体合格率为98.37%（见表5）。

表5　河北省四级五类任务监督抽检情况

单位：批次，%

序号	任务类别	监督抽检批次	合格批次	合格率
1	国抽	9786	9624	98.34
2	省抽	23185	22914	98.83
3	市抽	57082	56166	98.40
4	县抽	160998	158889	98.69
5	市县农产品	164449	161114	97.97
合计		415500	408707	98.37

资料来源：河北省市场监督管理局。

2023 年，河北省开展的监督抽检涵盖了食用农产品、加工食品、餐饮食品、餐饮具四种形态，包括 34 大类和其他食品。四种形态中，加工食品合格率最高，为 99.60%；餐饮具合格率最低，为 82.64%；餐饮食品、食用农产品合格率分别为 99.23%、98.06%（见图 9）。

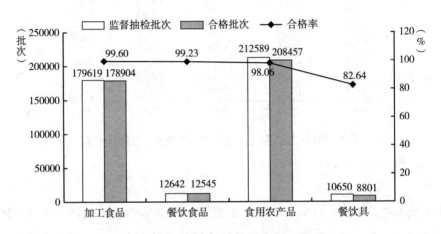

图9　河北省四种食品行业形态监督抽检情况

资料来源：河北省市场监督管理局。

34 大类和其他食品中，30 大类食品和其他食品合格率超过 99.00%。其中乳制品、保健食品、婴幼儿配方食品、特殊膳食食品、特殊医学用途配方食品、可可及焙烤咖啡产品、食品添加剂 7 个食品大类和其他食品合格率为 100%。监督抽检合格率未达 100% 样品类别如图 10 所示。

1. 加工食品不合格项目统计

2023 年，河北省共监督抽检加工食品 179619 批次，发现不合格 715 批次，涉及 52 个不合格项目 772 项次。其中，食品添加剂 379 项次，质量指标 158 项次，非致病微生物 150 项次，生物毒素 26 项次，标签 25 项次，致病微生物 14 项次，重金属 6 项次，有机污染物 5 项次，其他污染物 5 项次，兽药残留 2 项次，其他生物 1 项次，禁限用农药 1 项次（见图 11）。

2. 食用农产品不合格项目统计

2023 年，河北省共监督抽检食用农产品 212589 批次，检出不合格样品

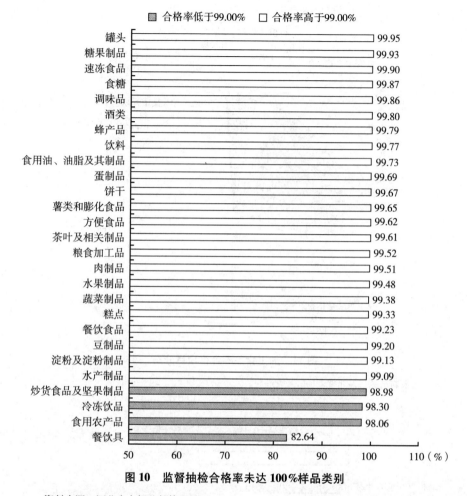

图 10　监督抽检合格率未达 100% 样品类别

资料来源：河北省市场监督管理局。

4132 批次，不合格率为 1.94%。食用农产品不合格亚类发现率由高到低依次为蔬菜 2.51%、水果 1.59%、水产品 1.32%、生干坚果与籽类食品 1.16%、鲜蛋 0.57%、畜禽肉及副产品 0.22%（见图 12）。豆类、农产品调味料和谷物未检出不合格样品。

按照不合格项目性质可分为 9 类。分别为农药残留 3195 项次，禁限用农药 901 项次，兽药残留 106 项次，重金属 81 项次，禁用药物 25 项次，质量指标 7 项次，其他污染物 7 项次，食品添加剂 6 项次，生物毒素 1 项次（见图 13）。

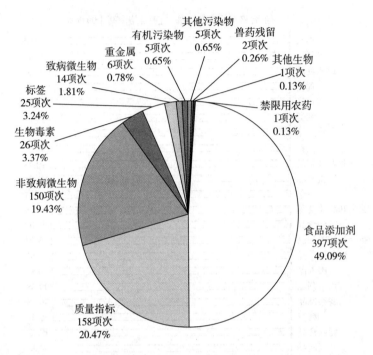

图11　加工食品不合格项目分布

资料来源：河北省市场监督管理局。

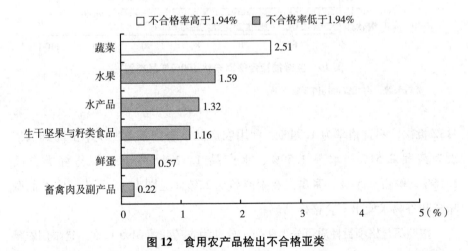

图12　食用农产品检出不合格亚类

资料来源：河北省市场监督管理局。

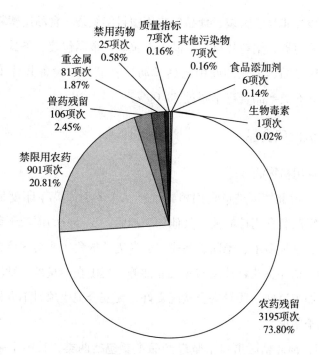

图 13　食用农产品不合格项目分布

资料来源：河北省市场监督管理局。

（四）食品相关产品

2023 年，河北省食品相关产品发证企业 1399 家。其中塑料包装生产企业 1127 家，纸包装生产企业 128 家，餐具洗涤剂生产企业 126 家，工业和商用电热加工设备生产企业 18 家。从企业数量上来看，2017~2023 年河北省食品相关产品企业总数整体呈上升趋势，但其间经济下行压力较大，2017~2019 年新增发证企业数量呈下降趋势，2020~2022 年新增发证企业数量再次上升，从企业总数上来看，河北省企业仍处于平稳上升状态，发展状况良好。

2023 年，全省开展食品相关产品监督抽检 1124 批次，其中国抽 58 批次，省抽 1066 批次。检测合格样品 1086 批次，监督抽检总体合格率为 96.62%。不合格产品 38 批次（其中国抽 1 批次、省抽 37 批次），监督抽检涵盖复合膜袋、非复合膜袋、食品包装用塑料编织袋、食品用塑料工具、食品用塑料包装容器、塑料片材、食品用纸包装、金属包装、餐具洗涤剂、日用陶瓷、玻璃制品、工业和商用电热（动）食品加工设备共计 12 类产品，监督抽检中有 6 类产品合格率超过 98.00%。

（五）进出口食品

1. 进口食用植物油

2023 年，河北辖区进口食用植物油产品主要为原产于印度尼西亚、马来西亚的大宗散装食用棕榈油、其他加工油脂，少部分为原产于奥地利、俄罗斯、英国、厄瓜多尔、德国、菲律宾、乌克兰的食用或初榨菜籽油、食用植物调和油、初榨葵花籽油及初榨大豆油等。集中在秦皇岛、廊坊两地，全部用作生产加工原料，质量安全状况良好，无安全卫生项目不合格。

2. 出口干坚果

2023 年，河北辖区出口干坚果产品主要包括两类，其中干果类主要有核桃（仁）、杏仁、板栗、干枣等，主要分布在秦皇岛、唐山、承德、沧州、保定等地，张家口、邢台、石家庄有少量分布，主要出口中国台湾、日本、韩国、马来西亚、越南、泰国等国家和地区；干（坚）果炒货类主要有冻熟栗（仁）、熟制花生、琥珀核桃仁、混合米果、坚果零食、油炸蚕豆等，主要集中在沧州、保定、衡水等地，主要出口加拿大、日本、韩国等国家。质量安全状况良好，无安全卫生项目不合格。

3. 进口乳品

2023 年，河北辖区进口乳品主要为全脂奶粉、脱脂奶粉、脱盐乳清粉，主要集中在石家庄、廊坊两地，用作生产加工原料，质量安全状况良好，无安全卫生项目不合格。

4. 进口酒类

2023 年，河北辖区进口酒类产品主要为葡萄酒、威士忌酒、杜松子酒、朗姆酒、龙舌兰酒等，产品主要来自英国、西班牙、荷兰、墨西哥。全年未检出不合格情况，质量稳定良好。

5. 进出口肉类

（1）进口肉类

2023年，河北辖区进口肉类主要为牛肉及其制品、猪肉及其制品，质量安全状况良好，无安全卫生项目不合格。

（2）出口肉类

2023年，河北辖区出口肉类主要为禽肉及其制品、羊肉及其制品、牛肉及其制品、猪肉及其制品，质量安全状况良好，无被国外退运或索赔情况发生，全年未发生境外国家或地区通报情况。

6. 进出口水产品

河北是沿海省份，贝类、头足类、虾类等水产品的出口量位居全国前列，出口企业主要集中在秦皇岛、唐山、沧州等地，出口产品形式主要为速冻产品。2023年，河北辖区进口水产品主要为冷冻贝类、冷冻南美白对虾等；出口水产品主要为冻扇贝柱、冻虾夷扇贝、冻煮杂色蛤肉、冻章鱼、调味章鱼、冻河豚鱼、冻虾仁等。出口国家和地区主要为美国、日本、韩国、中国香港、中国台湾、新加坡、澳大利亚、新西兰、俄罗斯、加拿大等，产品整体质量较好。

7. 出口肠衣

2023年，河北辖区出口肠衣主要为猪肠衣、羊肠衣，质量安全状况良好，无被国外退运或索赔情况发生，全年未发生境外国家或地区通报情况。

（六）食源性疾病监测情况

1. 食源性疾病病例监测

河北省2723家医疗机构开展食源性疾病病例监测，共监测报告食源性疾病病例79216例，其中99.99%的病例自诉了可疑暴露食品信息。

按时间分布，食源性疾病病例上报数量高峰在夏季的6~8月，这3个月病例数量占全年病例数量的46.5%。按年龄分布，35~44岁病例数最多，占全部监测病例的15.86%。按症状分布，具有消化系统症状的病例最多，发生率为62.91%。按病例可疑暴露食品分布，水果类及其制品最多，占可

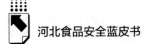

疑暴露食品的 17.69%；达到 10% 以上的可疑暴露食品依次为混合食品、粮食类及其制品（含淀粉糖类、焙烤类及各类主食）、肉与肉制品、蔬菜类及其制品。按进食场所分布，家庭所占比例最多，达 81.76%。

2. 食源性疾病暴发监测

河北省通过食源性疾病暴发监测系统报告食源性疾病事件 220 起，发病 881 人，无死亡病例。

按时间分布，第三季度发生事件和发病人数最多，报告 115 起，占所有报告事件的 52.27%；发病 549 人，占总发病人数的 62.32%。按暴发场所分布，发生于家庭的报告 118 起，占所有报告事件的 53.64%；发病 281 人，占总发病人数的 31.90%。发生于餐饮服务单位的报告 93 起，占所有报告事件的 42.27%；发病 525 人，占总发病人数的 59.59%。发生于学校和托幼机构的报告 8 起，发病 56 人。

3. 食源性疾病主动监测

27 家哨点医院开展病原学主动监测工作，全年共采集以腹泻症状为主诉就诊的门诊病例标本 7102 份，检出阳性标本 925 份，阳性检出率为 13.02%。

4. 食源性疾病专项监测

9 家医院开展单核细胞增生李斯特氏菌感染病例监测，全年共上报单核细胞增生李斯特氏菌感染病例 11 例。

（七）省级抽检监测中发现的主要问题及原因分析

1. 省级农产品、食用林产品监测情况

2023 年对河北省 11 个设区市、定州和辛集 2 个直管市、雄安新区开展省级监测工作，共抽检蔬菜、水果、畜禽产品和水产品四大类产品 172 项参数 24081 个样品，总体抽检合格率为 99.5%，与上年度基本持平。其中，种植产品抽检合格率为 99.3%，畜禽产品抽检合格率为 99.9%，水产品抽检合格率为 98.5%。发现的问题及原因分析如下。一是种植产品中违规使用农药问题依然存在，禁限用农药毒死蜱、乐果、甲拌磷、三唑磷、氟虫腈等依然有检出，占超标项次的 33.7%，常规农药噻虫胺、腐霉利、氯氟氰菊酯和高效氯氟氰菊酯等超标情况仍然存在。豇豆、韭菜、白菜等品种农药残留超标较多，违规使用禁限用农药和常规药物超标仍是导致种植产品不合格的主要因素。二是畜产品主要集中在猪肉、羊肉中检出恩诺沙星+环丙沙星超标，猪肉、牛肉、羊肉中检出磺胺类超标，鸡蛋中检出产蛋期禁用药物诺氟沙星、氟苯尼考。同时，存在猪牛羊养殖过程中超量使用氟喹诺酮类、磺胺类药物，产蛋期违规使用氟喹诺酮类、酰胺醇类药物现象，需持续规范养殖环节兽药使用管理，严厉打击违法使用兽药和违禁物质的行为。三是水产品中禁用药物孔雀石绿、氯霉素、呋喃西林代谢物、地西泮等仍有检出，常规药物超标主要集中在恩诺沙星+环丙沙星，这是导致河北省水产品抽检不合格的主要因素。

2023年开展省级食用林产品质量监测1126批次，监测合格率为100%。所有样品中检出农药残留样品553批次，涉及42种农药监测指标，农药残留检出率为49.1%，检测值均在国家规定的限量标准范围内且处于低水平。根据监测结果，2023年河北省食用林产品质量安全整体情况较好，但监测样品中农药残留检出率占比较高的问题依然存在。发现的主要问题：一是金银花、枣、山楂、柿子、花椒、桑葚等果皮裸露在外的食用林产品农药残留检出率较高，占全部抽检样品的一半以上；二是42种农药残留成分中，菊酯类农药残留检出较多。主要原因：一是食用林产品生产仍以一家一户分散经营为主，标准化生产、病虫害绿色综合防控技术推广力度不够；二是个别生产者质量安全责任意识不强，过量使用农药以及未严格遵守用药安全间隔期的现象依然存在；三是菊酯类农药因价格低廉、适用范围广、安全性较高等特点，被广泛当作杀虫剂使用，农药残留检出率较高；四是现有监管力量薄弱，特别是基层食用林产品监管力量不足、经费短缺、手段落后等问题依然突出，技术服务水平和监测能力有待进一步提升。

2. 省级市场监管部门抽检监测发现问题及原因

加工食品不合格主要有六个方面原因。一是产品配方不合理或未严格按配方投料，食品添加剂超范围或超限量使用。二是生产、运输、贮存、销售等环节卫生防护不良，食品受到污染导致微生物指标超标。三是减少关键原料投入、人为降低成本导致品质指标不达标。例如黄豆酱的氨基酸态氮不合格、腐竹的蛋白质不合格、茶饮料中的茶多酚不合格等。四是不合格原料带入，成品贮存不当、产品包装密封不良等原因导致产品变质。例如调味品中重金属等元素污染物超标，粮食加工品中玉米赤霉烯酮超标，部分食品的酸价、过氧化值不合格等。五是生产过程控制不当。例如白酒酒精度不合格，植物油原料炒制温度过高导致苯并［a］芘超标等。六是标签不合格。

食用农产品不合格主要有四个方面原因。一是蔬菜和水果类产品在种植环节违规使用禁限用农药。二是水质污染和土壤污染生物富集导致水产品和蔬菜中重金属等元素污染物超标。三是畜禽、水产品和鲜蛋在养殖环节违规使用禁限用兽药。四是畜禽肉和水产品贮存条件不当导致挥发性盐基氮超标；生干坚果与籽类产品贮存或运输不当导致真菌毒素、酸价超标。

三　投诉举报情况

2023 年，河北省 12315（包含电话、互联网平台、微信等渠道）共接收食品类投诉举报 142692 件，其中投诉 99844 件、举报 42848 件（见表 6）。

表 6　2023 年河北省食品类投诉举报接收情况

单位：件

名称	投诉	举报
普通食品	57629	19168
酒和饮料	7500	2596
保健食品	1251	475
婴幼儿配方乳品	263	44
特殊医学用途配方食品	43	13
食用农产品	5924	1497
食品相关产品	1634	921
餐饮服务	25600	18134
合计	99844	42848

资料来源：河北省市场监督管理局。

　　从投诉举报接收渠道来看，河北省市场监管系统接收投诉举报的主要来源是电话 51904 件，占 36.37%；微信小程序 34457 件，占 24.15%；App 33101 件，占 23.20%；互联网平台 14363 件，占 10.07%；微信公众号 4794 件，占 3.36%（见图 14）。

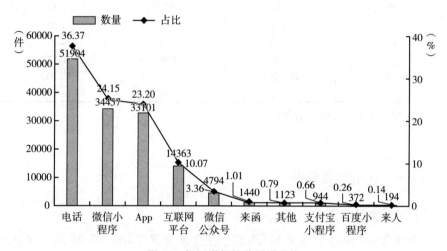

图 14　投诉举报接收渠道分布

资料来源：河北省市场监督管理局。

　　按区域划分，投诉举报接收量前三名分别是石家庄 30461 件、沧州 16552 件、保定 15616 件，分别占全省总量的 21.35%、11.60%、10.94%，上述三市接收量共 62629 件，占全省总量的 43.89%（见表 7）。

表 7　河北省各市投诉举报接收情况表

单位：件，%

序号	城市	接收量	占比
1	石家庄	30461	21.35
2	沧州	16552	11.60
3	保定	15616	10.94
4	邢台	13646	9.56
5	唐山	12432	8.71

续表

序号	城市	接收量	占比
6	邯郸	11406	7.99
7	廊坊	10891	7.63
8	秦皇岛	8355	5.86
9	张家口	7902	5.54
10	衡水	6029	4.23
11	承德	5830	4.09
12	定州	1595	1.12
13	雄安新区	1085	0.76
14	辛集	892	0.63

资料来源：河北省市场监督管理局。

（一）投诉热点分析

1. 商品类投诉分析

普通食品类共接收投诉 57629 件。主要涉及餐饮食品 10403 件、方便食品 5189 件、肉制品 2961 件、粮食加工品 2695 件、糕点 2582 件（见图 15），反映的主要问题有食品变质、有异味、有异物过期、食用后出现身体不适等。

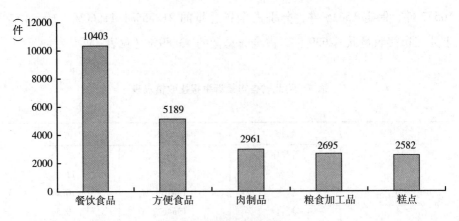

图 15　普通食品投诉情况

资料来源：河北省市场监督管理局。

酒和饮料类共接收投诉 7500 件。主要涉及酒类 2548 件、饮料 4952 件，反映的主要问题有产品外包装无任何信息，饮料过期、有异物、饮用后出现身体不适等。

食用农产品类共接收投诉 5924 件。主要涉及水果类 2433 件、畜禽肉及副产品 928 件、蔬菜 915 件（见图 16），反映的主要问题有食品变质、有异味。

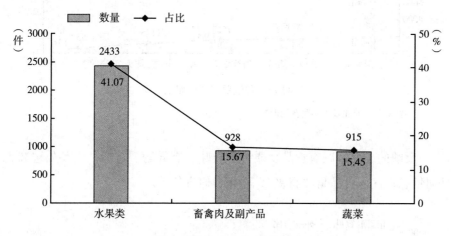

图 16　食用农产品投诉情况

资料来源：河北省市场监督管理局。

2.服务类投诉分析

餐饮服务共接收投诉 25600 件。主要涉及餐馆服务 18068 件、小吃店服务 1739 件、餐饮配送服务 1567 件、快餐厅服务 1145 件、宾馆餐饮服务 552 件（见图 17），反映的主要问题有饭菜内有异物（毛发、虫子等）、就餐后出现身体不适等。

（二）举报热点分析

1.商品类举报分析

普通食品类共接收举报 19168 件。主要涉及餐饮食品 3816 件、粮食加工品 1316 件、方便食品 1043 件、调味品 873 件、肉制品 797 件（见图

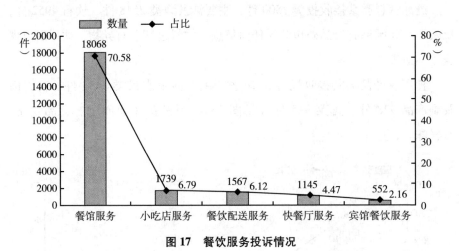

图 17 餐饮服务投诉情况

资料来源：河北省市场监督管理局。

18)，反映的主要问题有食品变质、有异味、有异物、过期，产品外包装无任何信息；宣传食品是"特级"，涉嫌虚假宣传等。

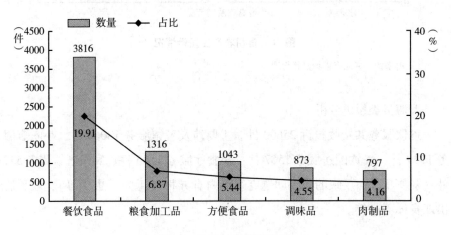

图 18 普通食品举报情况

资料来源：河北省市场监督管理局。

酒和饮料类共接收举报 2596 件。主要涉及酒类 1314 件、饮料 1282 件，反映的主要问题有无中文标签、有异物、过期等。

2.服务类举报分析

餐饮服务共接收举报18134件。主要涉及餐馆服务12399件、小吃店服务1426件、食堂服务1253件、餐饮配送服务662件、快餐厅服务484件（见图19），反映的主要问题有无证经营、食品变质、饭菜内有异物、就餐后出现身体不适、就餐环境不卫生等。

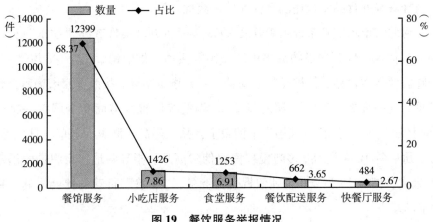

图19　餐饮服务举报情况

资料来源：河北省市场监督管理局。

（三）投诉举报主要问题

1.生产环节

一是预包装食品的包装没有标签，标签标注的事项不完整、不真实。二是生产的食品、食品添加剂不在许可范围内。三是生产国家明令禁止生产的食品。四是发现使用非食品原料、食品添加剂以外的化学物质、回收食品、超过保质期与不符合食品安全标准的食品原料和食品添加剂。

2.销售环节

一是食品广告或宣传的内容不真实，含有虚假内容。二是预包装食品标签不符合法律法规要求，未按要求标明相关要素：名称、规格、净含量、生产日期。三是存在违反"标签、说明书不得有虚假内容，不得涉及疾病预防、治疗功能"的行为。

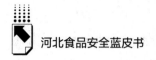

四　食品案件查办情况

2023年，河北省各级市场监管执法部门共查办食品各类违法案件29697件，罚没金额1.17亿元，移交公安机关330件。向国家市场监督管理总局申请挂牌督办食品安全违法案件5件，获批4件。

河北省市场监管系统组织开展2023年民生领域案件查办"铁拳"行动和"打假保名优"罚没物品集中统一销毁活动，集中销毁12大类共计120余吨假冒伪劣食品、侵权品牌运动鞋、不合格童车等。按照国家市场监督管理总局统一部署，组织"河北省2023年侵权假冒伪劣商品全国统一销毁（河北分会场）行动"，现场集中销毁了食品、药品、酒类、烟草、日化品、鞋、服装等10大类180多吨侵权假冒伪劣商品。指导各地市组织销毁活动20余次，销毁35类200余吨假冒伪劣商品，"铁拳"行动的社会影响力持续扩大。

五　2023年食品安全工作措施成效

（一）强化政治担当，深化党政同责

河北省委、省政府高度重视食品安全，省委书记多次作出批示，省委常委会会议专题研究部署。省长主持召开省食安委全体会议，明确重点任务。常务副省长和分管副省长切实履行副主任职责，有力推动工作落实。各级党委、政府将食品安全工作纳入跟踪督办内容，对党政领导干部履行食品安全职责情况开展巡视巡察。省纪委监委、省委政法委连续多年将食品安全列入民生领域专项整治、平安建设考核内容。省食安办扎实推动属地管理责任落实，全省9.1万名包保干部对79.06万家包保主体开展全覆盖包保督导，问题整改率为100%。各成员单位扎实履行职责，全面落实省食安委安排部署。

（二）聚焦群众关切，解决突出问题

在 2023 年河北省食安委全体会议上，省长部署了"四个专项"整治行动，省食安办强力推进，"四个专项"都取得了阶段性成效。一是开展农兽药残留超标专项整治行动。省农业农村厅持续推进农药减量增效，查办各类案件 601 起，移交公安 13 起，禁用药物检出率同比下降 8 个百分点。二是开展农用地镉等重金属污染专项整治行动。省生态环境厅对全省 834 家涉重金属企业全覆盖排查，对 145 家存在问题的企业跟踪整改到位。三是开展网络订餐食品安全专项整治行动。省市场监管局建立"线上监测+线下严查"工作机制，处罚订餐平台 20 家、责令整改 403 家次，下线入网餐饮单位1053 家，网络订餐食品抽检合格率较餐饮环节总体合格率提高 2.69 个百分点。四是开展学校食堂"互联网+明厨亮灶"提质增效专项整治行动。省教育厅指导全省 17183 所学校安装摄像头 13.4 万个、显示屏 1.9 万块，重点点位覆盖率、清晰度达标率、信息联网率、就餐区域显示屏设置率均达 100%。

（三）严守安全底线，防范化解风险

一是坚持源头严防。省卫生健康委立项、发布食品安全地方标准 6 个，备案企业标准 1700 个。省粮食和物资储备局指导建成粮食质检机构 103 家。石家庄海关深化进口食品"国门守护"行动，遏制输入型风险。二是坚持过程严管。市场监管会同教育、民政、卫健、机关事务管理、旅游、铁路等部门开展集中用餐单位食品安全等专项治理，联合印发加强鼠类等有害生物防治、校园食堂委托经营、校外供餐单位管理等机制文件。网信、公安等 9部门深入推进"清朗·燕赵净网 2023"网络生态治理专项行动。省市场监管局持续推进肉制品、保健食品、婴幼儿配方乳粉质量安全提升行动。2023年，全省市场监管部门查办食品案件 29697 件。公安机关侦办食品犯罪案件1239 起，抓获犯罪嫌疑人 2759 名。三是坚持风险严控。省食安办每季度组织有关成员单位召开风险会商会议，厅际联席防控风险，推动重点任务落实。市场监管系统全年完成食品安全抽检监测 41.89 万批次；国家对河北省评价性抽检合格率连续 4 年达到 99%。农业农村系统全年开展定量监测 12.9 万批次，合格率达 99.8%。省林业和草原局开展食用林产品质量监测，合格率达 100%。

（四）夯实基础支撑，提升治理能力

一是加大财政投入。省财政厅安排食品安全保障经费 2.96 亿元，为高质量推进食品安全工作提供坚实的财力保障。省科技厅组织实施 34 项省级食品安全科技计划项目，组建 14 家省级科技研发平台。二是加强质量追溯。工信、市场监管等部门加快推进追溯体系建设，河北省婴幼儿配方乳粉质量安全追溯查询完成率居全国第一位。全国市场销售食用农产品质量安全智慧监管工作现场会在河北省召开。三是开展示范创建。省市场监管局组织开展国家食品安全示范城市创建，创建省级食品安全标准化学校食堂 1200 家。省农业农村厅开展农产品质量安全县创建工作。省商务厅积极推进"河北净菜"品牌建设。

（五）加强协作配合，凝聚共治合力

强化区域协作，与京津市场监管部门签署了食品安全定期风险会商、市场销售食用农产品监管、食品抽检监测核查处置等一揽子协议。强化部门协作，市场监管、农业农村、公安等部门强化行政执法与刑事司法、产地准出与市场准入等有效衔接，监管部门主动对接公安机关，联合建立"打击危害食品安全违法犯罪信息通报机制"，扎实推进食品安全信息共享、执法协作。强化社会共治，省食安办联合多个部门开展食品安全宣传周活动，广泛宣传食品安全知识，增强群众自我保护意识。畅通投诉举报渠道，12345 政务服务便民热线和 12315 投诉举报平台等全年共受理群众反映问题 14.27 万件。

河北省食品安全形势总体稳中向好，但好中有忧，新老风险问题交织叠加，还面临不少困难和挑战。食用农产品中农兽药残留超标，加工食品中超

范围、超限量使用食品添加剂等问题比较突出。食品"三小"备案登记341913家，规模基数大、管理水平低，特别是小型餐饮服务单位、无堂食外卖门店后厨"脏乱差"，餐饮具洗消不合格。当前除了面临食品本身的风险，还面临以舆情事件为焦点的公共安全层面风险。校园及周边食品问题敏感，极易发生安全事件、引发舆情。农村和城乡接合部销售"三无"、假冒、伪劣食品屡打不绝，基层食品安全工作有待全面加强。上述问题的存在，既有客观原因，也有主观因素；既有全国普遍性问题，也有河北省个性问题；既有产业特点，也有监管跟不上等问题。因此，全省要坚持以习近平新时代中国特色社会主义思想为指导，落实"四个最严"要求，立足"严"的主基调，稳中求进、守正创新，全力推进食品安全治理体系和治理能力现代化，努力实现食品安全各项工作目标。

六　全面加强食品安全工作

2024年是中华人民共和国成立75周年，是实施"十四五"规划的关键一年。做好年度食品安全工作，要以习近平新时代中国特色社会主义思想为指导，全面贯彻落实党的二十大和二十届二中全会精神，深刻把握食品安全新形势新要求，以"四个最严"为统领，牢固树立底线思维、风险意识，持续压紧压实各方责任，提升食品安全标准质量和监管水平，切实保障人民群众"舌尖上的安全"。

（一）着力解决群众关心突出问题

严控农兽药残留超标。深入实施食用农产品"治违禁　控药残　促提升"三年专项行动，聚焦重点品种，严打禁限用药物违法使用，严控常规药物残留超标。推进豇豆农药残留突出问题攻坚治理。开展水产养殖重点品种药物残留突出问题攻坚治理。

严查食品掺假造假。严厉打击制售"三无"食品、假冒食品、劣质食品，畜禽养殖、屠宰环节注药注水等违法违规行为。坚决取缔"黑工厂"

"黑窝点""黑作坊",实现风险隐患排查整治常态化。扎实开展肉类制品专项整治行动,有效解决猪肉冒充驴肉、猪血冒充鸭血,卤肉制品亚硝酸盐超标等问题。

整治滥用食品添加剂和非法添加。加大对超范围、超限量使用食品添加剂和非法添加非食用物质等问题的专项治理力度。根据国家层面公布食品中可能添加的非食用物质名录,加强食品补充检验方法使用。

开展集中用餐单位食品安全治理。严格集中用餐单位食堂许可准入、进货查验、环境卫生、人员管理、食品留样、考核评价、退出机制等各方面监管,严惩违法违规行为。推广应用学校食堂"互联网+明厨亮灶+AI 智能识别",强化对学校食堂常态化网络巡查,提升学校食品安全监管能力。医疗机构食堂、用餐人数在 300 人以上或供餐人数在 500 人以上的养老机构食堂"互联网+明厨亮灶"覆盖率达到 60%。开展校园食品安全排查整治专项行动,有效解决食品加工制作场所卫生差、食品质量不高、食品中混有异物、餐饮具清洗消毒不合格等问题。

开展食品"三小"治理提升行动。按照清理一批、规范一批、提升一批的原则,全面排查建档,整治拒不登记备案、无证卡生产经营行为;督促完善"三小"硬件设施,提升生产环境、工艺流程,严格执行食品安全操作规范;引导食品"三小"进入集中加工区、集中交易市场、店铺等固定场所生产经营,促进食品"三小"提档升级,有效解决小散乱问题。

加强新产业新业态新模式食品安全监管。研究完善预制菜、直播带货、生鲜电商等新产业新业态新模式监管措施,积极防范食品安全风险,促进产业规范健康发展。强化跨境电商零售进口食品监管。聚焦新产业新业态新模式存在问题开展专项抽检,及时发现处置食品安全风险隐患。

(二)提升食品安全标准质量

拓展食品安全标准深度。结合河北省实际,组织开展食品安全地方标准制定工作,深入实施食品安全标准跟踪评价。执行预制菜等新业态的标准体系。积极参与国家粮食全产业链标准体系建设、粮食质量和检验方法标准制修订工作。严格落实冷链集装箱智能终端技术规范行业标准。

发挥食品安全标准基础性作用。加大食品安全标准解释、宣传贯彻和培训力度，督促食品生产经营者准确理解和应用食品安全标准。对食品安全标准的使用进行跟踪评价，完善标准制修订衔接机制，更好发挥标准保障食品安全、促进产业发展的支撑引领作用。

（三）加强食品安全全过程严格监管

严把产地环境关。狠抓土壤污染管控和修复。开展耕地土壤重金属污染成因排查，深入实施农用地土壤镉等重金属污染源头防治行动。在安全利用类耕地落实替代种植、农艺调控等措施，在严格管控类耕地鼓励采取种植结构调整等风险管控措施。

严把农业投入品生产使用关。根据国家层面限用农药定点经营目录，严格落实农药销售台账记录农药施用范围要求。深入推进化肥农药减量增效，推行农作物病虫害绿色防控、统防统治。深化落实规范畜禽养殖用药专项整治行动。

严把粮食质量安全关。落实超标粮食收购处置管理办法，严禁不符合食品安全标准的粮食流入口粮市场和食品生产企业。扎实做好粮食收购和库存环节质量安全监测。

严把食品生产加工质量安全关。开展"食品生产监督检查水平提升年"活动。指导各地开展日常检查、飞行检查、体系检查、随机检查、暗访拍片、异地互查，提高问题发现率，加大整治力度。推动各地按照"一企一档""一域一档""一品一策"制定完善风险清单、措施清单和责任清单。持续推进乳制品质量安全提升行动。开展预包装食品标签标识整治行动。开展特殊食品生产企业体系检查。落实《加强婴幼儿配方食品主要原料管理制度》《婴幼儿配方食品备案指南》《婴幼儿配方液态奶生产许可审查细则》。深入推进保健食品注册备案双轨运行。鼓励企业获得危害分析与关键控制点等国际通行食品农产品认证。严格落实畜禽屠宰环节质量安全监管。

严把食品经营质量安全关。强化产地准出和市场准入衔接，深入落实农产品承诺达标合格证问题通报协查机制。修订完善《河北省食品经营风险分级管理工作规范》。持续推进大型食品销售企业食品安全管理合法合规体系检查，深化农村食品安全综合治理，开展农村过期食品治理专项行动，有效解决农村过期食品泛滥等突出问题。开展餐饮质量安全提升行动。严格食品经营许可审批，统一审批系统、规范流程、严格时限，加强督查，坚决杜绝系统外审批等违规问题。深化网络订餐专项整治，聚焦"网红餐厅"和外卖平台，推进线上线下餐饮同标同质。开展一次性塑料餐饮具产品质量全省监督抽查。

（四）压紧压实各方责任

着力督促落实企业主体责任。加强对生产、销售、餐饮、特殊食品等不同领域企业的分类指导，在国家食品安全风险管控清单库基础上，完善河北省食品安全风险管控。督促指导食品生产经营企业严格执行《企业落实食品安全主体责任监督管理规定》，依法配齐食品安全总监和食品安全员，结合企业实际建立"日管控、周排查、月调度"工作机制，制定《食品安全风险管控清单》，精准防控食品安全风险。根据企业食品安全管理人员监督抽查考核指南及考核大纲，指导各地加强监督抽考，督促企业提高落实主体责任能力。根据《农产品质量安全承诺达标合格证管理办法》，推动农产品生产主体依法落实承诺达标合格证制度。落实粮食质量安全管理制度，规范经营者行为。

全面落实部门和属地管理责任。有关部门依法履行部门监管和行业管理职责，健全工作协调联动机制，齐抓共管，形成工作合力。推动地方党委和政府落实食品安全"党政同责"，主要负责人亲自抓。加快建立分层分级、精准防控工作机制，确保包保督导任务落实落地。开展优秀包保干部评选活动。发挥食品安全统筹协调作用，及时组织食品安全形势会商，研究防范食品安全风险。加强对重大事项、重点任务的跟踪督办，压实属地责任。深入推进食品安全"两个责任"落实。有效应用"三书一函"制度，发挥提醒敦促、责令整改、约谈等制度机制作用。强化"没发现问题是失职，发现问题不报告或不处理是渎职"意识，对失职失责、履职不力的，依纪依法严肃追责；严把问责关口，对市县追责问责、处理不到位的，要跟踪提出处理建议。

（五）依法实行严厉处罚

严惩违法犯罪行为。推动全省各级政法机关聚焦人民群众反映强烈的食品安全突出问题，依法严肃查处和惩治一批有影响的重大敏感案件。深入开展民生领域案件查办"铁拳"行动，以宣传镇痛、安眠等功能食品为重点，严厉打击非法添加药品及其衍生物的违法行为。严格落实"处罚到人"要求，依法实施行业禁入。保持高压严打态势，开展"昆仑2024"专项行动，依法严打食品非法添加药品、新型衍生物，食用农产品非法使用禁限用农兽药及其他禁用物质等犯罪行为，组织集中打击网络食品安全犯罪活动。扎实推进进口食品"国门守护"行动，严厉打击走私农食产品（含冻品）等违法犯罪活动，严防输入型食品安全风险。推动食品安全民事公益诉讼惩罚性赔偿制度不断完善。加强行政执法和刑事司法衔接，形成打击违法犯罪合力，对违法违规行为重拳出击、一查到底。及时公布典型案例，对违法犯罪分子形成强大震慑。

强化信用联合惩戒。推动食品工业诚信体系建设，指导评价机构开展诚信评价工作。指导各地建立完善食品生产经营企业信用档案，实施企业信用分级分类管理。将抽检不合格信息、行政处罚信息等纳入全国信用信息共享平台及国家企业信用信息公示系统。加大对失信人员联合惩戒力度，依法将相关经营主体列入严重违法失信名单。

（六）加强能力建设

提升风险评估与抽检监测水平。发挥河北省食品安全风险评估专家委员会作用，运用河北省风险评估工作机制，做好河北省风险评估工作，针对坚果（干果）、木本香调料、木本浆果、森林蔬菜等重点产品开展风险监测。持续推进县级农产品质量安全检测机构能力建设"回头看"。强化粮食质量检验监测能力建设。完善部门间食品安全风险信息交流机制，落实食品安全风险预警防控指导意见。聚焦抽检发现问题的重点企业、产品、项目，加大监督抽检和风险监测力度。针对抽检发现的突出问题开展核查处置"回头看"。坚决查处、遏制食品检验检测机构出具虚假报告行为。

提升监管工作信息化水平。推广运用大数据、人工智能等新技术手段，实现食品安全监管和监督的迭代升级。加快推进农产品质量安全追溯体系建设，推动河北省农产品质量安全监管追溯平台建设。持续加强国产婴幼儿配方乳粉追溯体系平台建设。

强化基层基础。加强各级食安办建设。保障食品安全工作必要投入，加强基层监管力量和基础设施建设，强化检验检测、科技创新和人才培养。加强要素保障和政策支持，培育传统优势食品产区和地方特色食品产业，推动优质农产品生产基地建设。加强队伍能力建设和行业作风建设，推动监管人员转变作风，切实做到监管为民。

（七）推进食品安全社会共治

充分发挥社会监督作用。组织开展食品安全宣传周活动。畅通食品安全问题投诉举报渠道，建立完善食品生产经营企业内部"吹哨人"制度。及时梳理分析涉及食品安全方面的群众反映问题并通报有关部门。持续加强食品安全宣传教育，不断提升公众食品安全素养。协调新闻媒体准确客观报道食品安全问题，有序开展食品安全舆论监督。积极倡导文明节约风尚，引导广大群众厉行节约、反对浪费。

妥善做好舆情应对和处置。强化舆论监督，提高舆情应对处置能力，舆情引导做到"快、准、稳"。建立完善敏感舆情收集、分析研判和快速响应机制，及时做好舆情回应引导，有效应对敏感舆情。及时梳理分析涉及河北省食品安全的负面舆情并通报有关部门。加强部门协作，做好食品安全领域网络谣言清理整治。组织各地积极向国务院食安办微博、微信公众号、视频号和移动客户端报送信息、视频等，利用权威发声平台，及时回应群众关切。

持续实施"双安双创"示范引领行动。指导第四批国家食品安全示范创建城市迎接国家评价验收,加强示范城市经验总结推广;完成第五批国家食品安全示范创建城市省级初评工作。遴选确定第四批国家农产品质量安全县创建单位,指导各地持续开展"亮牌"行动。

鼓励食品生产经营企业参加食品安全责任保险。加强部门间协调联动,鼓励大中型和高风险食品生产经营企业积极参加食品安全责任保险,推动食品安全责任保险向其他食品业态扩展。强化校园食品安全社会共治,有力推进学校(幼儿园)食堂经营者积极参加食品安全责任保险,有效防范和化解校园食品安全风险。

分报告

B.2
2023年河北省蔬菜水果质量安全
状况分析及对策研究

河北省蔬菜水果质量安全报告课题组*

摘　要： 2023年，河北省围绕乡村振兴战略总目标，按照"稳面积、扩设施、提品质、增效益"的思路，聚焦蔬菜、中药材、水果三大主导产业，实施蔬菜和中药材两个千亿级工程，面向京津高端市场，发展高品质果蔬，

* 课题组成员：赵少波，河北省植保植检总站站长，主要从事果品生产、质量安全监管和农药科学使用技术指导工作；王建民，河北省农业农村厅二级巡视员，主要从事农药生产、经营和质量安全工作；张建峰，河北省农业农村厅高级农艺师，河北省"三三三人才工程"三层次人员，主要从事蔬菜、水果等作物管理、技术推广工作；郑东翔，河北省农业农村厅农业技术推广研究员，河北省"三三三人才工程"二层次人选，主要从事蔬菜生产管理、技术推广等工作；赵清，河北省农业农村厅正高级农艺师，河北省"三三三人才工程"三层次人员，主要从事蔬菜、食用菌生产管理、技术推广等工作；甄云，河北省农业特色产业技术指导总站正高级农艺师，河北省"三三三人才工程"三层次人选，主要从事中药材、蔬菜生产管理、技术推广工作；马宝玲，河北省农业农村厅正高级农艺师，河北省"三三三人才工程"三层次人员，主要从事食用菌、中药材生产管理、技术推广等工作；李慧杰，河北省农业农村厅高级农艺师，入选河北省"冀青之星"典型人物，主要从事中药材、水果等作物管理、技术推广工作；郝建博，河北省农业农村厅经济师，主要从事水果产业经济、生产管理、技术推广等工作；康振宇，河北省农业农村厅高级农艺师，主要从事大田、蔬果等作物技术推广工作；刘姣，保定市满城区农业农村局农艺师，主要从事农产品检测工作。

建设衡沧高品质蔬菜产业示范区，全方位推动特色产业又好又快发展，取得明显成效。2023 年，全省蔬菜播种面积 1266 万亩，总产量 5498.5 万吨；食用菌产量 213.5 万吨；水果种植面积 690.8 万亩，总产量 1166.6 万吨。在全年农产品质量安全例行监测中，水果产地合格率 100%、蔬菜合格率 99.3%，全省蔬菜水果质量安全水平总体继续稳定。本文系统回顾了 2023 年河北省蔬菜水果产业发展，总结了蔬果产品质量安全管理举措，全面分析面临的质量安全形势，并提出了对策建议。

关键词： 蔬菜水果　质量安全　河北

一　蔬菜水果生产及产业概况

2023 年，河北省围绕乡村振兴战略总目标，按照"稳面积、扩设施、提品质、增效益"的思路，聚焦蔬菜、中药材、水果三大主导产业，实施蔬菜和中药材两个千亿级工程，面向京津高端市场，发展高品质果蔬，建设衡沧高品质蔬菜产业示范区，全方位推动特色产业又好又快发展，取得明显成效。

（一）蔬菜产业发展概况

河北省南北纵跨 6 个纬度，高原、山地、丘陵、平原和滨海梯次分布，是全国仅有的全地形地貌省份，这使河北省成为全国为数不多可周年生产蔬菜的省份，是全国蔬菜产销大省和北方设施蔬菜重点省，也是全国唯一环绕京津的省份，在保障全国尤其京津蔬菜日常消费和应急保供方面发挥着重要作用。2023 年全省蔬菜播种面积 1266 万亩，总产量 5498.5 万吨，其中设施蔬菜面积达 350.2 万亩。全省蔬菜生产种类 60 多个，涵盖茄果类、瓜菜类、叶菜类、根茎类、葱蒜类、菜用豆类、水生蔬菜等。近年来，面向中高端市场需求，大力发展彩椒、樱桃番茄、水果黄瓜、球茎茴香、西兰花等精特蔬菜种植。同时，立

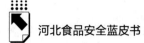

足差异化，结合资源禀赋和产业基础，指导蔬菜大县着力培育区域性主导产品，扩大优势产业生产规模，加强产业链条建设，形成了饶阳番茄、永清黄瓜、永年大蒜、崇礼彩椒、沽源菜花、玉田白菜等 30 多个规模化优势产区，在生产规模、产品质量和市场影响力等方面具有较强的竞争优势，特色潜质明显。

（二）食用菌产业发展概况

2023 年河北省食用菌总产量 213.5 万吨，建成了以平泉市、兴隆县、宽城县、承德县、张北县和阜平县为核心的全国面积最大的越夏香菇生产基地，全国一流的临西工厂化食用菌生产示范基地，全国领先的遵化食用菌精深加工基地，国际领先的涿州食用菌液体菌种菌棒自动化生产示范基地。初步形成了"一核、两区、五中心、六基地"的空间格局，培育了"河北蘑菇，有'蘑'有样"省级区域公用品牌，壮大了"盛吉顺""国煦"等一批企业品牌，"尚禾源""香美客""燕春"等食用菌省级品牌。以越夏香菇、栗蘑、羊肚菌三大优势特色品类为核心，形成"省级区域公用品牌+县域公用品牌+企业品牌+产品品牌"协同发展的四级品牌体系，推动全省食用菌产业链条快速发展，全面提升食用菌产业竞争力，绘就河北乡村振兴最美"蘑"样。

（三）水果产业发展概况

2023 年河北省水果种植面积 690.8 万亩、产量 1166.6 万吨。以优基地、延链条、强主体、抓项目为重点，着力补齐短板弱项，成功打造梨、苹果 2 个百万亩和葡萄、桃 2 个 50 万亩规模化生产示范片区，推进优势聚集和集约发展。同时，聚焦老旧果园升级改造，通过高接换优调结构、完善设施增效益等多种措施，在武邑创建 2000 亩红梨高效防雹网示范基地，在武安市、平泉市、顺平县建设 3590 亩苹果标准化示范基地，生产水平和效益进一步提升。

2023 年河北省梨产业实力稳居全国第 1 位。梨种植面积 166.2 万亩，年产量 395.7 万吨。建成高标准精品示范基地 4 万亩，建设与改造提升冷库

9万立方米，引进建设智能化全自动选果线11条、适宜电商的生产线5条和精深加工线7条，梨标准化生产率达到90%，优质果率达到86%，质量安全水平保持在99%以上，品牌梨在国内外市场溢价能力提升至20%以上。

2023年葡萄种植面积62.2万亩，年产量136.7万吨，主要分布在怀涿盆地的怀来县、涿鹿县、宣化区，燕山南麓的昌黎县、卢龙县、滦南县、乐亭县和冀中南的永清县、饶阳县、晋州市、威县、广宗县等县（市、区），种植面积和产量均占全省的70%以上。主要栽培品种有白牛奶、龙眼、红地球、巨峰、夏黑、阳光玫瑰等鲜食葡萄及赤霞珠、品丽珠等专用酿造品种。近年来，饶阳县等地的设施葡萄促成栽培成为全国学习的新典型。全省拥有以葡萄酒为主的加工企业90家，年产葡萄酒5.5万千升，占全国葡萄酒总产量的5%，居全国第6位。

苹果是河北省四大水果之一，山地苹果是河北省优势特色产业。2023年，全省苹果基地面积166.6万亩，产量269.6万吨。按照"建园区、育精品、创品牌、增效益"的总体思路，突出"两带五片十园"建设，坚持区域化布局、规模化建园、标准化管理、市场化运作，有力推动了全省山地苹果产业的高质量发展。

2023年河北省桃种植面积95.3万亩、产量179.6万吨。主产区为深州市、乐亭县、抚宁区、顺平县、唐县、满城区、邯山区等地，目前全省桃栽培品种较多，主要有大久保、重阳红、早凤王、瑞光、曙光、早露蟠桃等。鲜桃出口量不大，以桃罐头出口为主，主要出口国家和地区为韩国、日本、中国香港、中国澳门等地。

二 河北省蔬菜、水果质量管理主要举措

2023年，河北省紧紧围绕乡村振兴战略总目标，落实"四个最严"要求，突出抓好果蔬质量安全监管、攻坚治理豇豆农药残留突出问题、加强农药生产经营管理、推行标准化生产等重点工作，严厉打击各类违法违规用药和非法添加行为，守住蔬菜、水果等特色农产品质量安全底线，主要开展了以下工作。

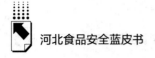

（一）加强果蔬质量安全监管

严格落实农产品质量安全监管属地责任，按照《河北省2023年食品安全重点工作安排》，开展专项整治行动，分别以省政府、省农业农村厅名义印发了《河北省2023年农兽药残留超标专项整治方案》《2023年河北省农产品质量安全监管工作方案》《2023年河北省农业标准化生产推进方案》《全省农产品质量安全风险隐患排查整治方案》，加大对"治违禁 控药残 促提升"三年行动确定的豇豆、韭菜、芹菜3个治理清单品种以及菠菜、叶用莴苣、白菜、姜、山药、草莓等重点品种的排查力度，严防禁限用农药在蔬菜、水果等"菜篮子"产品生产上使用。对保定、邯郸、唐山、张家口等地监测发现的20余处风险隐患建立监管台账，采取针对性措施防范消除风险。

（二）攻坚治理豇豆农药残留突出问题

紧盯豇豆农药残留突出问题，补齐"治违禁 控药残 促提升"三年行动整治短板，结合全省豇豆生产实际，制定了《豇豆农药残留突出问题攻坚治理方案》。按照产管并重、疏堵结合的思路，重点抓好农药销售使用管理，把好源头治理关；转变病虫害防控方式，把好生产过程管控关；强化巡查和检测，严把产品上市监管关；强化建档立卡，把好溯源管理关；包联到户，强化技术指导服务等方面的工作，保证2023年全省豇豆抽检合格率90%以上。

（三）加强农药生产经营管理

按照保生产供给、保质量安全、保秩序规范的思路，以禁止使用农药和限制使用农药为重点，生产企业以生产百草枯（仅限出口）、草甘膦、敌草快产品为重点，经营门店以经营限制使用农药、网络销售农药门店为重点。2023年以来，河北省组织了3轮农药市场监督检查，共排查发现78个问题隐患，全部进行了整改。同时，坚决依法打击制售假劣农药违法行为，持续开展农药产品质量和标签监督抽查、禁限用农药专项整治行动。全年共监督抽查农药样品 944 批次，农药标签 7436 个，农药产品质量和标签市场监督抽检合格率分别达 98.2%、98.1%。通过检打联动，先后立案查处 261 起农药案件，严厉查处了一批生产经营不合格农药产品的企业和经营者，有力震慑了犯罪分子，维护了农民群众的切身利益。

（四）推行标准化生产

以提升果蔬产品质量安全水平为核心，按照"无标制标、有标贯标、缺标补标、低标提标"要求，在全国率先完成了饶阳西红柿、肃宁圆茄等10 个蔬菜品种的特征指标体系构建，制定了海兴多刀茴香等 10 个品种的生产工序和技术模式图。青县司马庄绿豪农业专业合作社、河北鑫鼎农业科技有限公司等 8 家基地通过全国蔬菜质量标准中心标准化基地认定。各市积极与各产业技术体系创新团队开展合作，有针对性地集成推广化肥减量增效、农药减量控害、绿色防控、省力化栽培等节本增效关键技术，形成一批让普通老百姓"能看懂、易掌握、好应用"的轻简化技术规范和标准。

（五）保障重大活动和重要节点食品安全

为深入排查整治河北省农产品质量安全风险隐患，省农业农村厅制定了《全省农产品质量安全风险隐患排查整治方案》，从各单位抽调骨干同志组成专业检查组，以农药生产经营、蔬果等"菜篮子"产品生产为重点，全面梳理排查风险隐患，严厉打击违禁用药、不执行安全间隔期等违法行为，检查了 14 个市 27 个县（市、区）的 90 余家农药、蔬菜生产经营主体，实现了对全省地市（区）督导检查全覆盖，确保了秦皇岛、暑期、元旦、春节和全国全省两会等重点区域、重要时段、重大活动期间，未发生区域性、系统性、链条式质量安全问题及重大农产品质量安全事件。

（六）强化培训宣传引导

根据农药安全使用的标准、规定，结合当地实际，通过报纸、电台、电视台、大喇叭、明白纸、科技下乡、技术培训等多种方式，全面宣传农药安全使用相关知识，推广适时适量、对症用药和轮换用药技术，提高科学安全用药水平。省级组织开展"千人指导 万人培训农技提升行动"，组织专家和农技人员下沉一线开展关键技术和蔬菜安全用药指导与宣传培训。并邀请省产业技术体系蔬菜创新团队专家、河北农业大学、河北省农林科学院专家教授等到各地开展技术指导和培训等150余次，受训5000余人次。依托河北蔬菜学会、河北省特色产业协会，邀请专家就蔬菜种植、绿色防控等方面，开展线上培训85场，受训4万余人次。

三 蔬菜、水果质量安全形势分析

蔬菜、水果等农产品质量问题始终是关系消费者身心健康和产业发展的重大问题。2023年以来，河北省认真贯彻党的二十大精神、中央农村工作会议精神和省委、省政府有关部署，确保"两节""两会"期间及重点时段农产品质量绝对安全，确保不发生重大农产品质量安全事件，严厉打击各类违法违规用药和非法添加行为，守住蔬菜、水果等特色农产品质量安全底线。在农产品质量安全例行监测中，水果产地合格率为100%、蔬菜合格率为99.3%。总体来看，2023年河北省蔬菜、水果质量安全水平总体继续稳定，但个别品种和参数仍存在一定风险。

（一）监测抽查总体情况

2023年，河北省对11个设区市及定州市、辛集市、雄安新区开展例行监测，样品抽取涵盖规模种植基地、农民专业合作社、家庭农场和农户等全部产地环节及生产单位的储运环节，监测品种涉及豇豆、韭菜、芹菜、油麦菜、菠菜、大白菜、山药、番茄、青椒、辣椒、茄子、黄瓜、苦瓜、西葫芦、甘蓝、结球甘蓝、花椰菜、青花菜、普通白菜、生菜、菜心、蕹菜、油菜、白萝卜、胡萝卜、菜豆、马铃薯、洋葱、姜、葱和蒜等蔬菜产品，香菇、平菇、双孢菇、杏鲍菇、金针菇、秀珍菇、黑木耳（含毛木耳）、茶树菇和草菇等食用菌鲜品和苹果、梨、桃、葡萄、杏、枣、草莓、西瓜、甜瓜等河北省主产水果，基本涵盖了全省蔬菜、水果品种。监测项目涉及克百威、毒死蜱、腐霉利、啶虫脒、辛硫磷、氟虫腈、氯虫苯甲酰胺、异菌脲、阿维菌素等有机磷、有机氯、拟除虫菊酯、氨基甲酸酯类共97种农药及代谢产物。全年共抽检12758个样品，涉及蔬菜、水果71个品种，检测参数100个，检出不合格样品83个，合格率为99.3%。

（二）农残情况分析

河北省检测发现的主要问题：一是叶菜类蔬菜超标最多，达33个品种，占超标样品的39.8%；二是豇豆单品超标数量最多，达到20个品种，占超标样品的24.1%；三是毒死蜱、氟虫腈、乐果、甲拌磷、三唑磷等国家禁止在蔬菜上使用的农药仍有检出。

生产环节样品12406个，占样品总量的97.2%；市场环节抽样352个，占样品总量的2.8%。63个不合格样品来自生产环节，生产环节合格率为99.5%，20个不合格样品来自市场环节，市场环节合格率为94.3%。

从监测区域来看，83个不合格样品分别来自衡水市（15个）、邯郸市（14个）、张家口市（9个）、沧州市（8个）、唐山市（7个）、邢台市（7个）、廊坊市（5个）、石家庄市（5个）、保定市（3个）、秦皇岛市（3个）、雄安新区（3个）、定州市（2个）、辛集市（2个）。

从监测品种来看，叶菜类蔬菜超标33个，占超标样品的39.8%；茄果类超标10个，占超标样品的12.0%；豆类、瓜类蔬菜及其他品种超标样品40个（其中豇豆20个），占超标样品的48.2%。

从监测参数来看，83个不合格样品中检测出常规农药超标样品56个，禁限用农药样品27个（注：有个别样品检出2种及以上农药），其中毒死蜱超标样品12个，占超标项次的14.5%；乐果超标样品5个，占超标项次的6.0%；氟虫腈、甲拌磷、三唑磷各超标3个样品，均占超标项次的3.6%，三唑磷、治螟磷同时检出超标样品1个，占超标项次的1.2%。

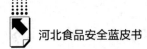

从趋势来看，第一、第二、第三、第四季度抽检合格率分别为97.8%、99.8%、99.5%、99.0%，全年抽检合格率为99.3%，蔬菜总体合格率保持在较高水平。目前主要农药风险品种为噻虫嗪、噻虫胺、毒死蜱等，禁限用农药超标表现比较突出的为叶菜类和豆类等蔬菜品种。

分析其原因主要有以下四点。一是使用习惯难以转变。大部分种植户文化水平、技术水平都相对落后，生产依赖过去经验，认为加大施用浓度、施用频次防治效果更好。二是病虫草害抗药性增强。因种植户一般只掌握2~3种作物的种植技术，极易在同一地块连续多年种植同一作物，加之农药市场的"套餐"、联体销售，同一地区病虫草害大量繁殖、抗药性增强，因而增大用药量。三是未严格遵守用药安全间隔期。芹菜、菠菜、香菜等叶菜生产周期短，正常施药后，用药间隔期未到就上市销售导致农药残留超标。豇豆生产具有雨热同季、花果同期、采摘间隔短的特点，导致病虫害多发重发、用药频繁，极易造成农药残留超标。四是违规使用限用农药。毒死蜱、乐果、氟虫腈、甲拌磷、三唑磷等限制在蔬菜上使用，可用于小麦、玉米等作物，在农资市场依旧能够买到。因此部分农户为追求杀虫效果，违规购买使用限用农药。

四　今后工作对策建议

为全面贯彻落实党的二十大和二十届二中全会精神，落实中央农村工作会议要求，学习运用"千万工程"经验，围绕"两确保、三提升、两强化"，坚持稳中求进、以进促稳，以问题突出农产品为重点狠抓农药残留整治，扎实做好蔬菜、水果质量安全工作，提出以下几点建议。

（一）巩固"治违禁　控药残　促提升"三年行动成效

对纳入三年行动的重点品种，持续严打禁限用药物违法使用，严控常规药物残留超标。根据药物使用情况对所有重点品种开展针对性速测，及时公布问题产品信息。落实农药销售台账记录限用药物施用范围，严查违规使用行为。全面总结三年行动成效、经验，固化成功做法，形成一批行之有效的治理模式，构建重点品种质量安全保障长效机制。

（二）深化豇豆农药残留攻坚治理

巩固拓展豇豆农药残留治理成效，落实"新"豇豆种植要求。坚决淘汰无法保障质量安全的传统豇豆种植方式。因地制宜指导农户全面应用绿色防控技术，支持新型农业经营主体、农村创业者等采用新模式，提高豇豆种植组织化水平。加强镇村豇豆收购点监管，指导做好上市速测把关和收取、保存、再次开具承诺达标合格证。

（三）加强水果"三品一标"建设

以推动水果高质量发展为主体，以农产品"三品一标"为抓手，围绕苹果、梨、桃、葡萄等大宗水果，聚焦质量安全问题短板，开展桃、梨、西瓜等水果全产业链标准化试点，梳理、集成和转化各环节标准，形成标准综合体，指导建立国家全产业链标准化示范基地。在国家农产品质量安全县的基础上，按照自愿参与、自主建设的原则，按标打造一批"三品一标"优质水果生产重点县。将河北省特色水果纳入监测范围，将氯吡脲、噻苯隆纳入水果监测参数范围，进一步扩大水果监测数量和参数覆盖面。

（四）抓好农资打假

针对农资"忽悠团"，推动地方监管执法力量下沉，建立农资展销活动备案、农资打假网格化管理等制度。与有关部门加强沟通协作，强化互联网平台农资监管，开展对网络销售限用农药、禁用药物等进行线索排查。持续推进放心农资下乡进村活动，引导农民增强防范意识。

（五）推动绿色、有机、"名特优新"和地理标志农产品高质量发展

按照稳增量、优结构、强主体、增效益的要求，对新认证的绿色、有机、"名特优新"农产品，从严加强证后监管，建立绿色优质农产品监督评

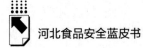

估机制。推动地理标志农产品核心基地建设，研究制定有关指导意见，推动建立产业培育体系。

（六）提升基层监管能力

探索建设一批星级乡镇监管站，强化日常监管，修订巡查检查规范，小农户巡查检查全覆盖，相关情况纳入信息化平台，确保巡查检查到位。推动"检测参数下基层"，对县级监管检测人员、乡镇监管员、村级协管员等开展大培训，熟悉掌握当地生产主体用药、药残检测参数等情况。总结生产主体风险分级动态管理经验，规范风险等级、分级标准、展示方式等。围绕豇豆等农产品开展速测产品推介评价，对当地使用量较大的速测产品实施质量跟踪把关，推动胶体金等速测新技术加快普及。

（七）推进承诺达标合格证制度实施

推动落实承诺达标合格证管理办法，全面规范生产经营主体开具使用。深入实施"亮证"行动，因地制宜开展承诺达标合格证进社区、进校园、进食堂等活动。加强承诺达标合格证监管，将开具使用情况纳入日常巡查检查，对应开不开、虚假开具等行为发现一起查处一起。会同市场监管部门开展协同监管、联合执法，以生产端规范开具和市场端收取查验相向发力推动承诺达标合格证制度落地。

B.3
2023年河北省畜产品质量安全状况分析与对策建议

河北省畜产品质量安全报告课题组*

摘　要： 2023年，河北省畜牧业坚持以习近平新时代中国特色社会主义思想为指导，深入贯彻党的二十大精神，围绕乡村振兴战略总目标，落实"四个最严"要求，加快形成畜牧业新质生产力，推动畜牧业工作向更高水平快速发展。本文全面阐述了2023年河北省兽药与饲料管理、畜禽养殖、奶业振兴、屠宰监管等工作现状，科学分析了当前河北省畜产品质量安全面临的形势，并为下一步强化畜产品监管、推行标准化养殖、推动屠宰行业转型升级等提供了有效建议。

关键词： 畜产品　质量安全　河北

2023年是全面贯彻党的二十大精神的开局之年，是经济恢复发展的一年，极不寻常、极不平凡。河北省畜牧行业坚持以习近平新时代中国特色社会主义思想为指导，认真贯彻省委、省政府工作安排，严格按照"四个最严"要求，强化畜产品质量安全监管，推动畜牧业高质量发展迈上新台阶。

---

*　课题组成员：李越博，河北省农业农村厅农产品质量安全监管局二级主任科员，主要从事农产品质量安全监管工作；边佳伟，河北省兽药饲料工作总站中级畜牧师，主要从事饲料检测工作；刘伯洋，河北省农产品质量安全中心助理农艺师，主要从事农产品质量安全监管工作；魏占永，河北省农业农村厅农产品质量安全监管局三级调研员，主要从事农产品质量安全监管工作；赵小月，河北省农业农村厅农产品质量安全监管局二级主任科员，主要从事农产品质量安全监管工作；李海涛，河北省农业农村厅畜牧业处副处长，主要从事畜牧生产管理工作；兰敏娟，任丘市农业农村局高级畜牧师，主要从事农产品质量安全监管工作；卢雪敏，邯郸市永年区农业农村局高级兽医师，主要从事农产品质量安全监管工作。

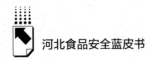

一　总体概况①

2023 年，河北省畜牧业深入贯彻新发展理念，以现代畜牧业建设为主线，以推进畜牧业高质量发展为总抓手，统筹推进、攻坚克难、重点突破，克服罕见的洪涝灾害、畜禽产品消费端疲软、资源环境约束趋紧等影响，继续保持稳中有进、稳中向优的态势，圆满完成各项目标任务。河北省肉类产量 491.1 万吨、禽蛋产量 404.6 万吨、生鲜乳产量 571.9 万吨，同比分别增长 3.3%、1.6%、4.6%。2023 年，全省畜牧业产值 2395 亿元，占农业总产值的 30.8%。② 畜产品监测总体合格率达到 99.9%，全省未发生较大及以上畜产品质量安全事件。

兽药产业成果丰硕。兽药产业被纳入全省生物医药"大盘子"，2023 年兽药产业年产值约 70 亿元，全国排名第 3；出口约 20 亿元，全国排名第 1。

畜禽种业快速发展。核心种源自给率达到 82%，河北唯尊养殖有限公司成功入选国家肉羊核心育种场。河北省国家级育种场达到 11 个，容德黑羽小型蛋鸡配套系通过农业农村部品种审定。

奶业振兴步伐加快。全省奶牛存栏 151 万头，同比增长 2%。③ 君乐宝悦鲜活高端瓶装鲜奶全国市场占有率排名第 1，悦鲜活 A2 β-酪蛋白鲜牛奶荣获"全球食品创新奖"和"全球美味奖五星奖"两项大奖。

生猪产能保持稳定。全省生猪出栏 3648.4 万头，同比增长 4.1%，能繁母猪存栏 171.7 万头，④ 在正常绿色区间，建立生猪存出栏与价格监测、研判、预警、通报机制，农业农村部对河北省生猪生产工作给予充分肯定。

强化粪污资源化利用。全省规模养殖场粪污处理设施装备配套率保持 100%，粪污综合利用率达到 83%，辛集市"分散收集、集中收储、循环利

---

① 本文数据如无特殊说明，均来源于河北省农业农村厅。
② 数据来源：国家统计局河北调查总队。
③ 数据来源：国家统计局河北调查总队。
④ 数据来源：国家统计局河北调查总队。

用、绿色发展、规范管理"的养殖场户治理模式被农业农村部收录于畜禽粪污资源化利用实用技术与典型案例。

畜禽屠宰日趋规范。推动产业升级，制定《河北省畜禽屠宰管理条例》，填补河北省畜禽屠宰管理地方性法规空白，将牛、羊、鸡、鸭纳入定点屠宰管理，实现宰前、宰中、宰后全过程质量安全管理。

二　主要措施

（一）兽药产业创新发展

2023年，河北省338家养殖企业开展减抗行动，全省共727家开展，总数居全国前3位，4县获得农业农村部"减抗先进县"称号。启动3个大型中兽药提取中心、1个省级中兽药研发中心（创新中心）建设，2个中兽药类新兽药进入三期临床阶段。全力推进新版兽药GMP实施，112家企业获得生产许可证，基本完成升级改造，新增投资30亿元。开展兽药质量抽检800批次，合格率为99.7%；对"减抗"达标养殖场及小宗品种风险监测150批次，全部合格。组织160家次企业参加河北省畜牧业博览会、中国畜牧业博览会、中国兽药大会等，对接新希望、牧原、温氏、中粮等大型养殖集团，擦亮冀药品牌。

（二）饲料行业稳中有升

饲料产量再创新高，2023年河北省饲料产量1480万吨，产值600亿元，同比分别增长2.5%和1.9%。印发豆粕减量三年行动方案，全面推广饲用豆粕减量替代工作，全年减量1%，超额完成0.5个百分点。完成青贮玉米、苜蓿、燕麦等优质饲草料收储面积267.86万亩，超国家任务92.7%。开展饲料质量抽检450批次，合格率在97%以上。

（三）种业提升成绩突出

加强畜禽良种保护，推进第三次畜禽遗传资源普查，提交16个国测品种测定数据、编写21个测定品种资源调查报告，完成"冀东奶山羊"基因检测和遗传特性评估。加强地方种质资源保护，强化国家和省级保种场基础设施建设，召开河北省畜禽种业发展大会，组织燕山绒山羊、太行鸡等10个地方资源保种场签订保护协议，确定承德无角山羊、冀南牛、燕山绒山羊3个新省级保种场，省级及以上保种场总数达到7个。强化种畜禽质量监管，开展生产性能测定，落实生猪良种补贴，加大良种推广力度。

（四）推进畜牧业标准化生产

深入开展畜禽养殖标准化示范场创建，印发方案，组织宣传周活动，创建部级标准化示范场6家、省级标准化场100家，河北美客多家禽育种有限公司被农业农村部确定为第一批农业高质量发展标准化示范项目。加大生猪产能调控基地建设力度，确认国家级基地134家、省级基地139家，进行公告和挂牌。创建2家国家生猪屠宰标准化示范厂，全省共12家取得国家级称号，居全国第3位，"国家羊屠宰标准化示范项目"落地保定市唐县。

（五）精品肉工程成效明显

深入推进千亿级精品肉类产业工程，制定工程实施方案，争取中央肉牛增量提升项目资金8539万元，积极申报国家肉羊优势特色产业集群项目，精品肉类产量达到50万吨。推进省精品肉工程和生猪、肉牛、肉羊产业集群等项目建设，易县河北太行禾丰白羽肉鸡屠宰熟食深加工厂建成投产；承德市成功创建隆化国家级肉牛现代农业产业园；沧州市乐寿鸭业鸭胚产销量达到4000万只，占全国总销量的10%，成为全国最大的烤鸭胚生产企业。

（六）奶业生产逆势增长

推进重点项目建设，故城认养一头牛、邢台德玉泉二期等项目竣工投产，新增生鲜乳年加工能力30万吨；激活奶业发展动力，积极争取2.5亿元中央项目和2亿元省级奶业振兴项目，君乐宝投资11.5亿元开展保定家庭牧场项目建设，伊利献县 3 万头牧场一期基本完工，现代牧业滦州 3 万头牧场完成一期建设。推进奶业纾困，追加 6000 万元喷粉补贴资金，发放青贮贷款近 4 亿元。完善学生饮用奶奶源基地在线监控系统，做好"奶业监管工作平台"日常维护；实施生鲜乳质量安全专项抽检 1070 批次，抽检合格率为 100%；配合农业农村部对全省生鲜乳收购站运输车进行全覆盖风险抽检，生鲜乳质量 100% 合格。畅通蒙牛、伊利、君乐宝等头部企业对接渠道，召开全省奶农大会暨奶业招商活动、北方奶业大会暨第五届河北国际奶业博览会，宣讲支持政策，积极引进投资。

（七）推进畜禽屠宰法制化管理

《河北省畜禽屠宰管理条例》填补河北省畜禽屠宰监管地方性法规空白，创新建立京津冀三地协同机制，实现畜禽屠宰废弃物资源化利用，前瞻性规定智慧化监管，并依托河北新闻网和河北省农业农村厅公众号开展政策解读，在人民日报客户端、中华食品质量网、河北共产党员网等网站刊登文章《河北立法保障百姓吃上"放心肉"》开展宣传报道。印发《畜禽屠宰"严规范 促提升 保安全"三年行动方案》，提出 12 项重点任务要求，全面规范河北省畜禽屠宰行业秩序，畜禽产品质量安全得到有效保障。优化行业布局，印发《河北省生猪屠宰行业发展规划（2023—2030 年）》，进一步推动生猪屠宰产业转型升级和高质量发展。制订全年监测计划，开展省级风险监测 908 批次、水分监测 463 批次、20 种违法添加物和兽药残留监测 445 批次，合格率为 98.68%。

（八）粪污资源化利用扎实推进

提档升级 1000 家规模养殖场粪污处理设施，在辛集、阜城等 5 个县（市）试点探索规模以下养殖场粪污资源化利用。加大白洋淀流域、秦皇岛入海河流、滹沱河流域等重点地区畜禽粪污资源化利用力度，制定白洋淀流域粪污资源化利用方案。组织养殖污染排查移交整治专项行动，持续 3 个月，严厉整治畜禽养殖污染问题。召开全省畜禽粪污资源化利

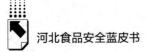

用项目调度会，完善调度及监测预警机制，科学评价 2022 年项目，结果通报各市政府。

（九）深入开展风险隐患排查整治行动

启动河北省兽药大排查，省级成立 6 个检查组分赴各市，全省共排查兽药生产、经营、使用单位等 2800 多家，发现问题隐患 80 余条，已全部整改。屠宰行业整治取得突出成效，开展"利剑 2023"专项行动，印发行动方案，统筹推进、同频共振，严打私屠滥宰、注水注药等违法屠宰行为，全省共发放宣传材料 4.6 万份，接受线索 142 个、查实 80 个；立案 112 件，查获涉案物品 9.72 吨，涉案金额 25.77 万元，罚没 270.33 万元，捣毁私屠滥宰窝点 48 个，查处注水注药案件 2 起，移送案件 1 起。开展"瘦肉精"专项整治百日行动，制定详细行动方案，强化各部门协调联动机制，对高发敏感区域持续开展"飞行抽检"，省级完成风险抽检 2200 批次。

三　形势分析

（一）新时代新征程为畜牧业发展带来新机遇

当前和今后一个时期，是全面建设社会主义现代化国家开局起步的关键时期，对守好畜牧工作基本盘、加快推进农业农村现代化，特别是加快畜牧业现代化发展提出了更高要求，要紧紧把握住新时代新征程带来的新机遇。一是有以习近平同志为核心的党中央坚强领导。习近平总书记就做好"三农"工作做出的重要指示精神，多次强调树立大食物观，稳定生猪生产、振兴民族奶业、推进畜禽养殖废弃物资源化利用，为我们做好新时代新征程畜牧工作提供了根本遵循、注入了强大动力。二是国家战略带来重大机遇。京津冀农业农村领域协同发展水平不断提升，行政壁垒和体制机制障碍加快破除，市场、要素、产业融合发展速度加快，进一步拓展了畜牧业发展空间。

（二）畜牧业发展面临诸多问题与挑战

一是自然灾害多发频发。随着气候变暖、降水线北移，自然灾害发生频次和强度不断提升，河北省畜牧业防灾减灾救灾短板亟待补齐。二是畜牧业绿色转型任务艰巨。农业资源环境约束不断趋紧，提升农业可持续发展水平，统筹好生产与生态的关系面临不小压力，尤其是规模以下养殖户在畜禽粪污资源化利用上缺少经验。三是行业利润下滑。虽然 2023 年饲草料价格有所下降，但受国际动荡局势和极端天气频发等影响，长期来看仍呈高位运行趋势，防疫、人工等成本持续提高，主要畜禽产品价格持续低迷。四是产业体系不够完善。目前河北省畜禽产业集养殖、收购、屠宰、加工、销售于一体的规模企业数量还不多、规模不够大，精深加工行业存在短板，龙头企业与养殖场、合作社、养殖户的利益联结机制还未成熟，龙头带动作用不明显，产业链条延伸压力尚存，畜禽产业融合度不够高，养殖场（户）抵御市场风险能力仍需进一步提高。

（三）畜产品质量安全风险依然存在

2023 年河北省省级共抽检畜产品 9977 个，主要监测猪肉（肝）、牛肉（肝）、羊肉（肝）、鸡蛋、鸡肉、生鲜乳 6 类产品，监测涉及 β-受体激动剂、磺胺类、氟喹诺酮类、四环素类、酰胺醇类、金刚烷胺、阿维菌素、黄曲霉毒素 M1、生鲜乳指标、生鲜乳违禁添加物质十大类兽药残留和违禁添加物质 41 项参数，抽检合格率为 99.9%。问题主要集中在猪肉（肝）、羊肉（肝）中恩诺沙星+环丙沙星超标，猪肉（肝）、牛肉（肝）、羊肉（肝）中磺胺类超标，鸡蛋中检出产蛋期禁用药物氟苯尼考、停用药物诺氟沙星。从 2021~2023 年趋势看，畜产品抽样合格率分别为 99.8%、99.9%、99.9%，继续保持较高水平。但仍存在猪、牛、羊养殖过程中超量使用氟喹诺酮类、磺胺类药物，产蛋期违规使用氟喹诺酮类、酰胺醇类药物的现象，需进一步规范养殖环节兽药使用管理，严厉打击违法使用兽药和违禁物质的行为。

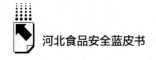
四 对策建议

（一）全面加强兽药监管

加强新版兽药 GMP 事中事后监督，对问题企业开展重点监控、监督抽检等，对生产企业质量管理人员和化验员实施技能考核，继续实施兽用抗菌药使用减量化行动，兽药产品抽检合格率达 98%。推进大型中兽药提取中心、省级中兽药研发中心（创新中心）建设。

（二）推进饲料行业平稳发展

开展饲料专项整治，探索开展饲料"飞行抽检"，加大对监督抽检不合格产品的查处力度。加大饲料监督抽检力度，抽检 450 批次，力争合格率在 98% 以上。积极争取国家饲草类项目补贴资金，充分发挥财政资金引领作用，减少产业发展不利因素，高质量完成全省年度饲草种植面积任务目标。

（三）加快畜禽种业发展速度

强化遗传资源保护能力，编纂出版畜禽遗传资源志，提升深县猪、太行鸡、冀南牛等 9 个保种场基础设施条件和保种水平。培育壮大种业企业，争创国家畜禽核心育种场和省级原种场，支持 14 家种业企业提档升级，核心种源自给率达到 84%。强化种畜禽市场监管，完善畜禽种业监管体系，规范种畜禽生产经营许可，开展种公牛和种公猪精液质量抽检，提高种畜禽质量安全水平。

（四）推进畜牧业标准化养殖

支持新建扩建奶牛场，推广奶牛生产性能测定、胚胎移植和性控冻精，加快奶牛群体改良步伐，提升奶牛单产水平。稳定生猪生产，加大统计监测力度，强化273家生猪产能调控基地动态管理，提升生猪产能调控成效。建设生猪、肉牛、肉羊、肉鸡产业集群，建设一批标准化养殖基地，增加和牛、深县黑猪、北京油鸡等高端畜禽养殖量，发展肉鸭、肉鸽等特种肉禽养殖，精品肉产量达到60万吨。

（五）推进畜禽粪污资源化利用

组织开展畜禽养殖污染排查整治行动，以乡镇为单位开展"过筛"式排查，对问题养殖场研究"一场一策"解决措施，做到"场场必查、问题必改、件件必落实"。提升白洋淀流域、秦皇岛入海河流两侧等重点地区畜禽粪污资源化利用水平，成立技术包联组，分片包市包县，开展滚动式技术指导，全力推动工作进展。持续开展规模养殖场粪污处理设施装备提档升级行动，完成1000家养殖场提档升级任务，规模以上养殖场粪污处理设施装备配套率保持100%，全省畜禽粪污综合利用率达到84%。

（六）推动屠宰行业高质量发展

全面推进生猪屠宰GMP检查，召开检查试点现场会，组织147家屠宰厂开展自评，现场检查企业20家以上。提高畜禽屠宰标准化建设水平，创建1~2家国家生猪屠宰标准化示范厂，3~5家省级畜禽屠宰标准化厂。开展畜禽定点屠宰企业兽医卫生检验人员培训考核，争取国家培训考核系统建设试点，2024年底全省生猪定点屠宰企业全部配备兽医卫生检验人员。强化《河北省畜禽屠宰管理条例》宣传贯彻，印发管理条例实施意见，修订定点屠宰厂备案管理办法，规范畜禽定点屠宰许可程序。制定畜禽屠宰风险监测计划，省级不低于800批次。

（七）深入开展专项整治行动

持续开展兽用抗菌药综合整治工作，制定综合整治行动方案、兽药产品质量监测计划，实施"检打联动"，全面查处非法生产、经营、使用兽药等违法行为。持续推进畜禽屠宰"严规范 促提升 保安全"三年行动，按照 12 项重点任务要求，全面规范行业秩序，完善法规标准体系，提升监管能力，确保屠宰环节畜禽产品质量安全得到有效保障。强化"瘦肉精"监管，以"瘦肉精"专项整治百日行动为抓手，强化协调联动，围绕牛、羊集中养殖区域和高发区等重点区域，完善"飞行抽检"和"约谈机制"，严打"瘦肉精"违法使用行为。

B.4
2023年河北省水产品质量安全
状况及对策研究

河北省水产品质量安全报告课题组*

摘　要： 2023年，河北省农业农村厅坚持产管并举、综合施策，不断健全完善水产品质量安全监管体系，深入开展水产品质量安全专项整治，不断加大水产养殖执法检查和查处力度，全年水产品质量安全形势稳中向好，未发生水产品质量安全事件，保障了全省水产品安全有效供应。

关键词： 渔业资源　水产品　质量安全

　　2023年，河北省农业农村厅围绕渔业高质量发展目标，坚持产管并举、综合施策，不断健全完善水产品质量安全监管体系，深入开展水产品质量安全专项整治，不断加大水产养殖执法检查和查处力度，水产品质量安全监测总体合格率98.5%（省级、各市承担省级监测任务数据），全省未发生水产品质量安全事件，水产品质量安全态势进一步巩固。

---

　　* 课题组成员：卢江河，河北省农业农村厅渔业处工作人员，主要从事水产品质量安全监管和水产健康养殖工作；张春旺、王睿、孙慧莹，河北省农业农村厅农产品质量安全监管局工作人员，主要从事农产品质量安全监管和农业标准化工作；滑建坤，河北省农业农村厅农产品质量安全监管局工作人员，主要从事农产品质量安全监管和专项整治工作；马书强，河北省沧州市水产技术推广站站长，主要从事水产养殖工作。

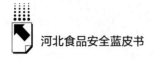

一　渔业产业发展概况

（一）渔业经济形势保持稳定

1. 渔业产量、产值、渔民收入继续保持增长

2023 年河北省积极克服洪涝灾害、进口水产品冲击、日本核废水排放等不利因素影响，狠抓灾后重建，持续推进渔业产业结构调整和现代设施渔业建设，全省渔业产量和产值稳中有升。2023 年全省水产品产量 114.7 万吨，较 2022 年增长 2.05%；渔业总产值 403.8 亿元，同比增长 0.94%；渔民人均收入 26358 元，同比增长 4.97%。

2. 渔业高质量发展成效显著

一是水产种业实现新突破。新创建国家级水产良种场 1 家，全省累计达 6 家。新认定中国对虾"黄海 6 号"、红鳍东方鲀"天正 1 号" 2 个国家水产品新品种，其中"天正 1 号"属国家破难题品种，"十四五"以来累计认定新品种 3 个。红鳍东方鲀、中国对虾、半滑舌鳎等优势特色品种苗种供应规模位居全国第一，河北省沿海区域已经成为北方地区重要的水产苗种供应集散地。二是国家级示范区创建取得新进展。新创建国家级水产健康养殖和生态养殖示范区 6 个，全省累计达到 13 个，总数量与山东省、江苏省等水产大省持平。新创建国家级海洋牧场示范区 1 个，全省累计达到 19 个，稳定保持在全国第 3 位。通过创建国家级示范区进一步稳定了水产养殖面积，推进了水产生态健康养殖生产。三是特色水产业持续保持新优势。河鲀、扇贝、中国对虾生产规模均居全国第 2 位，鲆鲽生产规模居全国第 3 位，海参生产规模居全国第 4 位，鲟鱼生产规模居全国第 5 位，梭子蟹生产规模居全国第 6 位。四是水产养殖探索新模式。在河北省海域首次建设重力式深水网箱标准箱 105 个，形成养殖水体共计 1.87 万立方米，为探索深远海养殖新模式打下了基础；指导唐山市开展盐碱地水产养殖综合治理先行先试，积极推广盐碱池塘多品种生态高效养殖、盐碱地稻渔综合种养、盐碱地洗盐排碱水渔业综合利用等模式，为探索北方地区生态健康养殖模式推广奠定基础。五是国家渔业项目实施再上新台阶。在农业农村部开展的中央财政农业相关转移支付资金绩效评价工作中，河北省渔业发展补助资金综合考评为"优秀"等次，与四川省、宁夏回族自治区并列全国第一，受到农业农村部通报表彰。

（二）重点工作推进有力

1. 提升水产养殖业发展质量

一是强化政策引领。河北省农业农村厅联合省工业和信息化厅等 7 部门印发《河北省加快推进深远海养殖发展的实施意见》，河北省农业农村厅印发《河北省现代设施渔业建设专项实施方案（2023—2025 年）》和《河北省 2023 年水产绿色健康养殖技术推广"五大行动"实施方案》，为河北省水产养殖业发展提供了重要政策支撑。二是深入推进水产养殖绿色健康发展。建立示范推广基地 40 个以上，继续在唐山市曹妃甸区、滦南县开展集中连片养殖池塘标准化改造，新改造面积 1.4 万亩。在唐山适宜海域建设重力式深水网箱标准箱 105 个，拓展了深远海养殖空间。沿海三市海水工厂化养殖面积新增 80 万立方米水体。三是全省受灾渔业基本恢复生产。2023 年 7 月下旬发生的严重洪涝灾害，使全省 6 市 24 县 519 家水产养殖场受灾，需修复重建养殖场 484 家，实际已修复完成 482 家，另有 2 家养殖场受淹严重，暂时无法施工，恢复生产率达 99.6%，共补放苗种 512.6 万尾。

2. 加强渔业资源养护和海洋牧场建设

一是着力抓好增殖放流。继续在渤海海域和内陆大中型湖库开展水生生物增殖放流，全年放流各类水产苗种 40.76 亿单位，成功举办了全国"放鱼日"河北同步增殖放流活动、"2023 年河北雄安新区增殖放流活动"，建设河北省首个增殖放流平台，渔业资源养护工作进一步加强。二是加强海洋牧场示范区建设。按照习近平总书记考察湛江时"建设海上牧场"的指示精神，深入谋划河北省现代化海洋牧场建设，唐山市海洋牧场内嵌网箱式海上多功能平台建设、沧州市底播型海洋牧场建设取得新突破。2023年有5家国家级海洋牧场人工鱼礁建设项目通过验收，新投放人工鱼礁10万空方以上。三是加强水产种质资源区和白洋淀渔业资源养护。围绕20处国家级水产种质资源保护区，重点开展种质资源保护及巡查巡护，其中白洋淀鱼类已经从2019年的33种增加至48种，鱼类多样性指数达到高级别水平，环境指示性物种中华鳑鲏成为淀区常见物种。

3. 推动渔业一二三产业融合发展

一是加强水产品精深加工与鲜活流通体系建设，提升水产品加工、仓储、保鲜等能力，提高水产品附加值和溢价能力。累计支持36家水产品加工企业设施设备提升，水产品加工总量较2020年增长9.91%，有力促进了水产品出口贸易。河北省所有农产品中水产品出口占比最高，其中海湾扇贝柱、冻章鱼出口位居全国前列，占同类产品的70%，河鲀出口占全国的60%以上。二是积极发展大水面生态渔业。深入挖掘湖泊、水库等资源，实行"一水一策"，提高优质水产品供给，推动渔业一二三产业融合发展。全省湖泊、水库等大中水面增养殖面积已经达到100万亩，1000亩以上的生态渔业水面近60处，打造了张家口天鹅湖冰雪嘉年华、保定易水湖捕鱼季等区域名片。

4. 积极争取国家支持

一是争取中央渔业绿色循环发展资金3720万元，较上年增加1120万元。二是积极推进中国水产科学研究院渔业机械仪器研究所和北戴河增殖站在白洋淀实验基地开展渔业资源修复工作，其中，白洋淀鸟岛周边鱼类资源恢复试点以及水生动物普查工作已全部完成，为白洋淀生态环境保护工作奠定了重要基础，推动了中国水产科学院人才、技术在雄安新区先行落地。三是协调解决沧州港口涉渔问题。为贯彻落实习近平总书记在河北考察时的重要指示精神，加快推进沧州港口建设，就重点项目涉水产种质资源保护区问题以及保护区规划调整工作多次赴农业农村部汇报沟通。经协调推进，河北省在"三省一市"（辽宁省、河北省、山东省、天津市）保护区整体调整工作中，率先完成全部工作程序，并获取农业农村部对河北省保护区调整单独发文批复和 3 个专题报告批复，保障了黄骅港建设项目进度以及规划项目建设需求。

二　水产品质量安全监测情况

根据国家、河北省年度重点工作安排，结合全省水产养殖业发展现状，聚焦重点区域、重点品种和重点问题，坚持问题导向，落实"双随机、一公开"监管要求，全年共抽检 623 批样品，不合格 19 批次，合格率为 97.0%（国家、省级监测数据）。

（一）国家产地水产品监督抽查

国家产地水产品监督抽查由农业农村部渔业环境及水产品质量监督检验测试中心（广州）承担实施，全年共完成抽检 47 批次，抽样环节全部为产地，检测品种为草鱼、鲤鱼、鲫鱼、对虾、罗非鱼、海参和大菱鲆 7 类，检测参数为孔雀石绿、氯霉素、硝基呋喃类代谢物、诺氟沙星、氧氟沙星、培氟沙星、洛美沙星、恩诺沙星、环丙沙星、扑草净、甲氰菊酯和地西泮等，其中 1 个鲤鱼和 1 个草鱼抽检样品发现地西泮超标，检测合格率为 95.7%，渔政执法部门依法对抽检产品不合格单位进行了查处。水产养殖用兽药及其他投入品全年共抽检 3 批次，样品主要包括促生长、杀虫、除杂和环境改良剂等，抽样地点以承担产地水产品兽药残留监测的水产养殖场为主，与产地水产品抽检同步实施随机抽取，主要检测是否含有国家规定的禁限用药物，检测结果全部合格。

（二）国家农产品质量安全例行监测（风险监测）

国家农产品质量安全例行监测由国家水产品质量检验检测中心（青岛）承担实施。全年共抽样监测 64 批次，监测地区为石家庄、唐山、邯郸 3 市，监测环节为运输车、暂养池和批发市场，抽样品种包括对虾、罗非鱼、大黄鱼、鲆类（大菱鲆和牙鲆）、大口黑鲈、草鱼、鲤鱼、鲫鱼、鲢鱼、鳙鱼、乌鳢、鳊鱼、鳜鱼、鲶鱼 14 类，监测参数包括：①禁用药物氯霉素、孔雀石绿（有色孔雀石绿和无色孔雀石绿）、硝基呋喃类代谢物（呋喃唑酮代谢物 AOZ、呋喃它酮代谢物 AMOZ、呋喃西林代谢物 SEM 和呋喃妥因代谢物 AHD）、地西泮；②食品动物中停止使用药物氟喹诺酮类（诺氟沙星、氧氟沙星、培氟沙星和洛美沙星）；③常规药物酰胺醇类（甲砜霉素、氟苯尼考和氟苯尼考胺）、磺胺类（磺胺嘧啶、磺胺二甲基嘧啶、磺胺甲基异噁唑、磺胺异噁唑、磺胺间二甲氧嘧啶）、氟喹诺酮类（恩诺沙星、环丙沙星）、四环素类（四环素、土霉素、金霉素、多西环素）。经检测，唐山市君瑞联合农贸批发市场 1 批次草鱼常规药物恩诺沙星超标，总体合格率为 98.4%。

（三）国家水产品中重金属等风险物质监测评估抽检

国家水产品中重金属等风险物质监测评估抽检由农业农村部水产品质量监督检验测试中心（上海）承担完成，全年抽检 9 个贝类样品、3 个甲壳类样品，其中，贝类样品包括扇贝 3 个，毛蚶 2 个，文蛤、菲律宾蛤仔、魁蚶和耳贝各 1 个，在河北省主要产区北戴河新区海域和昌黎海域的 9 个监测站点采集，监测参数为大肠杆菌、铅、镉、腹泻性贝类毒素（DSP）和麻痹性贝类毒素（PSP），检测结果为除有 5 个样品重金属镉超标外，其他监测参数均符合标准限量的要求，贝类符合一类生产区域质量规定要求；甲壳类样品为 3 个梭子蟹，在养殖池塘抽取，监测参数为镉、铅、甲基汞、无机砷，检测结果为全部合格。

（四）省级水产品质量安全监测

1.总体情况

河北省农业农村厅对 11 个设区市以及定州市、辛集市共抽检 500 批次样品（其中例行监测 400 批次、监督抽查 100 批次），监测参数 33 项。共检出 11 个样品不合格，抽检合格率为 97.8%。发现的主要问题：一是禁用药物呋喃唑酮、孔雀石绿以及未批准在水产养殖中使用的兽药地西泮超标问题比较突出；二是常规药物恩诺沙星、环丙沙星、磺胺异噁唑、氟苯尼考超标问题依然存在。

2. 结果及趋势分析

从地区看，保定市、张家口市、承德市、沧州市、廊坊市 5 个市和定州市、辛集市抽检合格率均为 100%，占比 53.8%。11 个不合格样品分别来自邯郸市 4 个，秦皇岛、邢台市各 2 个，石家庄市、唐山市、衡水市各 1 个。

从监测品种看，不合格品种分别为鲤鱼（4 个）、草鱼（3 个）、大菱鲆（3 个）、鮰鱼（1 个）。从检出但不超标情况看，19 个品种中有 14 个品种有检出，其中草鱼、鲤鱼、鲫鱼、鮰鱼、罗非鱼、虹鳟、乌鳢、斑点叉尾鮰、大口黑鲈、牙鲆、大菱鲆、中华鳖检出恩诺沙星（以恩诺沙星和环丙沙星的总量计），海参、中华鳖检出氟苯尼考，对虾、虹鳟检出土霉素，海参检出扑草净、甲氰菊酯。

从 33 项监测参数看，抽检合格率 100% 的参数有氯霉素、甲砜霉素、呋喃西林代谢物、呋喃它酮代谢物、呋喃妥因代谢物、磺胺类（磺胺甲基异噁唑除外）、诺氟沙星、氧氟沙星、培氟沙星、洛美沙星、土霉素、四环素、金霉素、多西环素等。有检出但不超标的参数有恩诺沙星（以恩诺沙星和环丙沙星的总量计）、氟苯尼考、磺胺类、四环素类、扑草净、甲氰菊酯。超标参数有禁用药物呋喃唑酮代谢物（4 个样品）、孔雀石绿（包括有色孔雀石绿和无色孔雀石绿，1 个样品）、未批准在水产养殖中使用的兽药地西泮（2 个样品），常规药物恩诺沙星和环丙沙星总量（3 个样品）、磺胺甲基异噁唑（2 个样品）、氟苯尼考（1 个样品）。呋喃唑酮代谢物、孔雀石绿虽禁用多年仍时有检出，应加大执法打击力度。常规药物恩诺沙星、环丙沙星、磺胺甲基异噁唑、氟苯尼考超标属于未严格落实休药期制度问题。

从抽样环节看，产地水产品合格率低于市场水产品合格率。产地水产品抽样 440 个，有 10 个不合格，合格率为 97.7%；市场水产品抽样 60 个，有 1 个不合格，合格率为 98.3%，二者相差 0.6 个百分点。

从监测性质看，监督抽查合格率略高于风险监测合格率。监督抽查 100 个样品，2 个不合格，合格率为 98.0%；风险监测 400 个样品，有 9 个不合格，合格率为 97.8%，二者相差 0.2 个百分点。

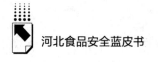

三　加强水产品质量安全监管工作举措

2023 年，河北省大力推广绿色健康养殖生产，狠抓水产养殖投入品使用、标准化生产、专项整治和水产养殖执法等重点举措的落实，有力保障了水产品质量安全和有效供给。

（一）积极推进水产健康养殖生产

2023 年，河北省申报省级渔业地方标准 15 项，批准立项 5 项。印发《2023 年河北省水产养殖标准化生产推进方案》和《河北省 2023 年水产绿色健康养殖技术推广"五大行动"实施方案》，积极开展国家现代农业全产业链标准化示范基地和省级绿色优质水产品全产业链标准化生产基地建设，推广绿色健康养殖模式和用药减量行动，提升水产品质量安全水平，全年共创建国家级水产健康养殖和生态养殖示范区 6 个，建设国家、省级全产业链标准化生产基地 2 个。先后举办培训班 30 多次，培训2000 多人次，共发放各类宣传册和普法等材料 3500 多份，进一步强化了质量安全意识。

（二）强化水产品质量安全监管

继续深入贯彻落实《食用农产品"治违禁　控药残　促提升"三年行动方案》《农业农村部关于加强水产养殖用投入品监管的通知》《农业农村部办公厅关于开展水产养殖专项执法行动的通知》，积极开展春季水产苗种质量安全执法检查、水产养殖交叉执法检查、产地水产品质量安全风险监测、重点养殖品种水产养殖用投入品专项整治等活动。同时，积极加强水产养殖用投入品管理，依法打击生产、进口、经营和使用假、劣水产养殖用兽药、饲料和饲料添加剂等违法行为，保障养殖水产品质量安全。

（三）依法查处违法使用投入品等行为

继续保持对水产品质量安全违法行为"零容忍"态度，2023年河北省各级综合执法机构共出动执法人员2000多人次，检查药品生产经营等单位300多家次，责令整改50家；出动渔政执法人员700多人次，检查养殖主体800多家次，共查办水产养殖执法行政处罚案件2起，均为未按照国家有关兽药安全使用规定使用兽药案，共罚款人民币2.2万元，对不合格水产品落实了无害化处理措施。

四　对策建议

（一）大力推进生态健康养殖

继续大力推广适合河北省渔业发展的生态健康养殖模式，深入推进水产绿色健康养殖技术推广"五大行动"。进一步落实水产养殖用药减量行动，提高水生动物疫病防控水平。推进水产养殖尾水治理工程，确保养殖尾水达标排放。开展养殖水体在线监测与控制装备、养殖废水收集与处理装备等配套设施设备的研发与推广应用。加强绿色健康养殖、节能减排等现代渔业技术及模式的集成与应用。引导养殖户科学规范用药，合理控制放养密度。

（二）大力推进标准化生产

重点围绕养殖新品种、新技术推广应用，养殖尾水集中处理，水产品质量安全管控等重点环节开展标准制修订。指导养殖场结合本场实际研究确定生态、健康养殖模式，依法制定养殖品种生产或操作规程。积极组织开展水产养殖全产业链标准化生产基地建设，推进水产养殖标准化生产。

（三）强化渔业科技支撑

大力加强现代渔业产业技术体系创新团队建设，依托科研院所、高等院

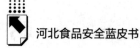

校技术力量，紧紧围绕种业和养殖投入品等产业发展关键环节，研发出高产、高抗的新品种。针对当前养殖户对池塘水质和底质改良的需求，切实研发出好使管用的投入品。加强生态型渔用药物和环保高效型全价配合饲料研发，全力助推渔业高质量发展。

（四）加强重点养殖品种专项整治

结合历年来兽药残留监控发现问题较多的养殖品种、养殖区域以及易超标药品，扎实开展专项整治，公布举报热线电话，落实举报奖励措施，采取异地交叉执法检查、联合执法检查、飞行检查等方式，拓宽问题发现渠道。健全完善检打联动、行刑衔接机制，加大监督抽查和执法办案力度，将"最严厉的处罚"要求落到实处，确保水产品质量安全。

B.5
2023年河北省食用林产品质量安全
状况分析及对策研究

河北省食用林产品质量安全报告课题组*

摘　要：　2023年，河北省以稳规模、提质效为重点，以打造绿色生态优质林产品为目标，通过"项目带""技术帮"等举措，不断提高食用林产品质量安全水平和监管能力，筑牢食品安全防线，确保人民群众"舌尖上的安全"。本文系统回顾了2023年河北省食用林产品产业概况，总结了食用林产品质量安全监管举措及成效，分析了食用林产品领域质量安全形势，提出了增强食品安全责任意识、加强生产技术培训、科学开展安全监测等对策建议。

关键词：　食用林产品　质量安全　监管能力

2023年，河北省全面贯彻党的二十大精神，认真落实党中央、国务院以及省委、省政府关于食品安全工作的安排部署，按照"四个最严"要求，以稳规模、提质效为重点，积极优化产业布局、调整品种结构、深化技术帮

---

* 课题组成员：郝梁丞、刘辉、王琳，河北省林业和草原局政策法规与林业改革发展处，主要从事食用林产品生产安全监管工作；韩煜，河北省林业和草原局科学技术处，主要从事林业和草原科技推广示范、科学普及、标准化等工作；曹彦卫，河北省林草花卉质量检验检测中心高级质量工程师，主要从事经济林产品质量安全检测技术研究工作；宫雅雯，河北林草花卉质量检验检测中心林业工程师，主要研究方向为经济林产品质量安全检测技术；宋军，河北省林草花卉质量检验检测中心高级质量工程师，主要从事经济林产品质量安全检测技术研究工作；任瑞，河北省林草花卉质量检验检测中心副主任、正高级林业工程师，主要从事经济林产品质量安全检测技术研究工作。

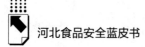

扶，推进标准化、规模化、节能化生产，严防食用林产品质量安全风险，确保人民群众"舌尖上的安全"。

一　食用林产品产业概况

2023 年，河北省牢固树立大食物观，坚持向森林要食物，以提质增效为重点，通过"项目带""技术帮"等举措，推进集约化、品种化、标准化、规模化生产和高标准示范基地建设，稳步发展太行山核桃、燕山京东板栗、黑龙港流域枣、冀西北仁用杏等传统优势产业带，积极扩大涉县花椒、井陉连翘、围场沙棘等新兴高效产业发展规模，进一步丰富产品多样性、提高产品质量、增加经济效益。全省现有经济林种植面积 2415 万亩，产量 1087 万吨，其中干果经济林种植面积 1835 万亩，产量 176 万吨。

河北省是中国板栗种植大省，河北省生产板栗以"香甜糯"的特点在全球板栗产品市场上久负盛誉，现有种植面积 450 万亩，年产量 46 万吨，分别居全国第 3 位和第 1 位。优势产区集中分布在太行山—燕山地区的迁西县、遵化市、宽城县、兴隆县、青龙县、信都区等地，其中年产量万吨以上的县（市、区）有 7 个，占全省总产量的 90%。主要栽植品种包括"燕山早丰""大板红""紫珀""燕山短枝""东陵明珠"等。承德神栗、河北栗源等省内知名龙头企业生产的板栗产品长期出口日本、泰国、马来西亚、新加坡等东亚、东南亚市场，全省板栗出口量占全国的 80% 以上。2023 年，"河北宽城传统板栗栽培系统"被联合国粮农组织认定为全球重要农业文化遗产，宽城也成为板栗品类全球首个获此殊荣的遗产地。

河北省核桃种质资源丰富，主产区集中分布在太行山和燕山地区，主产县有赞皇县、涉县、武安市、临城县、涞水县、阜平县、兴隆县等，主要栽培包括绿岭、辽系、石门核桃等食用核桃品种，以及冀龙、南将石狮子头等文玩核桃品种。全省核桃种植面积 212 万亩，产量 21.3 万吨。现有核桃加工类企业 200 多家，绿岭、丸京等龙头企业积极推进核桃精深加工，不断研发新产品，烤核桃、核桃乳、核桃油等加工产品种类日益丰富，核桃多糖、核桃多肽等功能性提取物广泛用于生物医药领域，核桃深加工产业链条不断延长，产品附加值不断提高，在拓宽农民增收渠道、助力乡村振兴方面发挥了重要作用。

河北省现有枣种植面积142万亩，产量66.8万吨，集中分布在太行山浅山丘陵区和黑龙港流域两大枣主产区，主要栽培品种有赞皇大枣、金丝小枣、阜平婆枣等，赞皇县、行唐县、阜平县、沧县、献县、黄骅市等县（市、区）年产量万吨以上，占全省枣产量的93%。近几年，受市场行情影响，枣树种植规模呈下滑趋势。河北省通过调整品种结构、推广标准化生产、强化技术培训指导、加大项目资金扶持力度等举措，提高枣园管理水平，加强枣疯病防治，推进枣产品全产业链发展，不断丰富产品种类、提升产品附加值，提振枣农发展信心，做优做强河北枣产业。

仁用杏（含大杏扁、山杏）树作为河北省四大传统优势树种之一，是重要的木本粮油资源，主要种植品种有围选一号、"张仁一号"、龙王帽、优一、珍珠油杏等，现有种植面积750万亩，产量约10.9万吨，主要分布在张家口、承德两市，平泉市是我国最大的仁用杏原料集散地，被认定为"国家平泉山杏产业示范园区"。露露、亚欧、华净等生产加工企业大力推进仁用杏产品精深加工，开发了杏仁饮品、脱苦杏仁、杏仁油、杏仁蛋白粉、活性炭等多种类型加工产品，仁用杏成为农民增收致富的重要支柱产业。

二　河北省食用林产品质量安全监管举措及成效

2023年，河北省认真落实"四个最严"要求，认真履行食用林产品质量安全行业管理责任，积极推广标准化生产、强化食用林产品风险防控、加强食用林产品质量安全监测，确保食用林产品产地安全。全年没有发生食用林产品质量安全问题。

（一）严守食品安全底线，加强食用林产品质量安全监管

牢固树立食品安全责任意识，严格履行食品安全行业监管职责。印发了

《关于做好2023年食用林产品质量安全工作的通知》,压实各级林草部门属地监管责任和生产企业主体责任,强化农药、化肥等生产投入品源头管控,加大重点环节和重要生产基地食用林产品质量安全风险隐患排查整治力度,严格防范食用林产品各类风险隐患,切实保障广大人民群众"舌尖上的安全"。全年共开展省级食用林产品质量监测1126批次,监测合格率为100%。

(二)加快技术标准制修订,健全食用林产品标准体系

围绕河北省特色优势经济林产业,对标世界一流标准,《清香核桃丰产栽培技术规程》《高神经酸文冠果繁育及栽培技术规程》《桑葚菌核病防治技术规程》3项标准获批立项,《金莲花采收及产地加工贮藏技术规程》《连翘雨季直播与仿野生抚育技术规程》《山区核桃轻简化栽培技术规程》3项标准获批发布,进一步完善了食用林产品生产标准体系,为提升经济林培育质量、规范经济林生产技术规程、推动林果产业绿色安全发展提供了有力技术支撑。

(三)推进标准化生产,提升产地安全水平

积极推广实施经济林标准化示范区建设,新建板栗、核桃优质丰产和仁用杏优质栽培等国家级标准化示范区6个,示范面积为3820亩,示范推广《DB13/T 2884-2018早实核桃省力化栽培技术规程》《GB/T 20452-2021仁用杏杏仁质量等级》等标准12项,进一步提高生产基地规模化、标准化生产水平。为加大新品种、新技术、新模式推广力度,组建了15支林果花卉产业专家支撑团队,通过"专家培训+现场指导"的方式,累计开展技术培训300余场次,积极宣传食品安全知识,示范推广省力化高效栽培、安全用药、科学灌水施肥等先进实用技术,最大限度减少农药、化肥用量,降低产地土壤污染风险,确保食用林产品产地安全。

(四)强化风险隐患排查整治,提升监测能力和水平

围绕重点区域、重点品种、重点环节,压实企业主体责任,扎实开展重

要时段食用林产品质量安全风险隐患排查整治行动，重点检查农药违法违规使用等问题。各级林草部门共出动监管人员 1190 人次，检查生产经营主体 1390 家，未发现食用林产品种植环节质量安全风险隐患。为进一步满足食用林产品监测需求，提升食用林产品质量安全监测能力和水平，谋划了"省林草有害生物鉴定和食用林产品质量安全监测实验室项目"，通过升级监测设备、改进监测方法、加强业务培训等举措，提升监测的科学性和准确性，为全面加强食用林产品质量安全监管提供技术支撑。

三　食用林产品质量安全状况及分析

按照河北省食用林产品质量安全工作安排，各级林草主管部门严把生产安全关，积极推广标准化生产、指导科学规范使用农药化肥、加大风险隐患排查力度，切实加强对食用林产品生产基地监督管理，不断提高全省食用林产品质量安全监管能力和水平。2023 年，全省食用林产品质量安全监测总体合格率为 100%。总体来看，全省食用林产品质量安全水平继续保持稳定，全年未发生食品安全问题。

（一）食用林产品质量安全监测总体情况

按照《2023 年河北省食用林产品质量安全监测方案》安排，在食用林产品集中成熟期（5~12 月）对 11 个设区市以及定州市、辛集市的食用林产品生产基地开展了食用林产品质量安全监测工作。监测品种涉及核桃、板栗、枣、可食用杏仁、花椒、榛子、桑葚、山楂、柿子、金银花、茶叶 11 类，基本涵盖河北省重点食用林产品种类。监测项目涉及杀虫剂、杀菌剂、杀螨剂、除草剂及生长调节剂等 200 余种农药及其代谢产物和重金属。全年共抽检样品 1126 批次，其中成熟产品 1076 批次、幼果 50 批次，合格率均为 100%。

（二）监测结果分析

1126 批次合格样品中，检出农药残留样品 553 批次，农残检出率

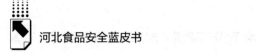

为 49.1%。

从监测品种看，2023 年河北省抽样监测的 1126 批次样品以核桃、板栗、枣、可食用杏仁等主栽食用林产品为主。所有监测品种中，金银花、枣、山楂、柿子、花椒等树种检出农药残留占比较高，占检出农药残留样品的 54%。

从监测指标看，检出农药残留的 553 批次样品中共检出农药残留成分 42 种，其中菊酯类 8 种，占比 19.0%，菊酯类以外农残指标 34 种。农残检测值均在国家标准规定限量范围内且处于低水平。重金属监测指标没有超标现象，全部合格。

（三）主要问题及原因分析

根据监测结果发现的主要问题：一是金银花、枣、山楂、柿子、花椒、桑葚等果皮裸露在外的食用林产品农残检出率较高，占全部抽检样品的一半以上；二是 42 种农药残留成分中，菊酯类农药残留检出较多。

主要原因有以下几点：一是食用林产品生产仍以一家一户分散经营为主，标准化生产、病虫害绿色综合防控技术推广力度不够；二是个别生产者质量安全责任意识不强，过量使用农药以及未严格遵守用药安全间隔期等现象依然存在；三是菊酯类农药因价格低廉、适用范围广、安全性较高等特点，被广泛当作杀虫剂使用，导致农残检出率较高。四是现有监管力量薄弱，特别是基层食用林产品监管力量不足、经费短缺、手段落后等问题依然突出，技术服务水平和监测能力有待进一步提升。

四　今后工作举措和建议

（一）树牢底线思维，增强食品安全责任意识

按照"四个最严"要求，坚持警钟长鸣，切实提升风险意识，夯实各级林草主管部门属地监管责任，压实生产企业主体责任，坚持底线思维和问

题导向，聚焦重点领域、突出工作重点、紧盯关键环节，扎实开展食用林产品质量安全监管各项工作，筑牢安全防线，全力保障好广大群众"舌尖上的安全"。

（二）加强生产技术培训，提高食用林产品质量

严格把控生产投入品使用，积极推行病虫害绿色防控、统防统治，深入推进农药化肥减量增效，严防农药残留超标问题发生。组织林果花卉产业专家团队强化技术培训，积极宣传《中华人民共和国食品安全法》《中华人民共和国农产品质量安全法》等法律法规以及相关食品安全知识，推行增施有机肥、生草栽培、测土平衡施肥、安全间隔期用药等实用技术，提高食用林产品产地安全水平。重点加强对枣、花椒、金银花等检出农药残留较多树种的日常监管和应急处置，鼓励运用病虫害绿色综合防控技术措施，重点推广使用杀虫灯诱杀、生物农药及高效低毒低残留化学农药，有效防控生长季病虫灾害发生，确保食用林产品生产环节质量安全。

（三）开展食用林产品质量安全监测，提高监管能力和水平

结合食用林产品生产实际，认真研究制定食用林产品质量安全监测工作方案，明确重点监测品种、监测地域范围和监测安全指标，科学规范开展样品采集，严格监测质量标准，加强监测人员技术培训，不断提升监测能力和水平。同时加大对果品成熟期等重要时间节点食用林产品的抽检力度，加大食品安全风险隐患排查整治力度，科学合理制定风险防控措施，及时消除风险隐患，不断提升食用林产品质量安全监管水平。

B.6
2023年河北省食品安全监督抽检分析报告

河北省食品安全监督抽检报告课题组*

摘　要： 2023年，河北省国抽、省抽、市县级食用农产品抽检、市抽、县抽"四级五类"任务共完成监督抽检415500批次，其中合格样品408707批次，总体合格率为98.37%。监督抽检涵盖生产、流通、餐饮三个环节，包括流通环节中网购、餐饮环节中网络订餐两个新兴业态，覆盖了34大类和其他食品。河北省要全面落实食品生产经营企业第一责任人责任，督促生产经营者在食用农产品种植养殖、食品生产经营、餐饮制作加工过程中遵守食品安全标准，履行食品安全义务，实施风险管理，加强种植养殖、生产经营、包装、贮存、运输等全过程质量控制，确保食品安全。同时，落实政府属地管理责任，农业农村、市场监管、卫生健康、公安等食品安全相关部门各负其责，齐抓共管，把好从农田到餐桌的每一道防线。

关键词： 食品安全　监督抽检　合格率

按照《市场监管总局关于2023年全国食品安全抽检监测计划的通知》（国市监食检发〔2023〕3号）、《河北省市场监督管理局关于下达2023年全省食品安全抽检监测计划的通知》（冀市监函〔2023〕88号）等文件部署，坚持问题导向，全面推进均衡抽检，河北省市场监督管理局组织开展了2023年全省食品安全抽检监测，有关情况分析报告如下。

---

* 课题组成员：刘琼、张子仑、李杨微宇，河北省食品检验研究院，主要从事食品安全抽检监测数据分析等相关工作；柴永金、张杰，河北省市场监督管理局食品安全抽检监测处，主要从事食品安全抽检监测相关工作。

一　总体情况

2023年，河北省市场监管系统开展的食品安全抽检监测包括四级五类任务：国家市场监管总局交由河北省承担的国家抽检任务［国抽（转地方），以下简称"国抽"］；省本级抽检监测任务（以下简称"省抽"）；市、县级食用农产品抽检任务（国家市场监管总局统一部署，市、县两级承担，以下简称"市县农产品"）；市本级抽检监测任务（以下简称"市抽"）；县本级抽检监测任务（以下简称"县抽"）。

2023年，国抽、省抽、市抽、县抽、市县农产品四级五类任务共完成监督抽检415500批次，其中合格样品408707批次，总体合格率为98.37%（见表1、图1）。

表1　河北省农产品四级五类任务监督抽检情况

单位：批次，%

序号	任务类别	监督抽检批次	合格批次	合格率
1	国抽	9786	9624	98.34
2	省抽	23185	22914	98.83
3	市抽	57082	56166	98.40
4	县抽	160998	158889	98.69
5	市县农产品	164449	161114	97.97
	合计	415500	408707	98.37

资料来源：河北省市场监督管理局。

二　分类统计

（一）按食品形态、类别统计

2023年，河北省开展的监督抽检涵盖了食用农产品、加工食品、餐饮食品、餐饮具四种形态（见图1），包括34大类和其他食品。

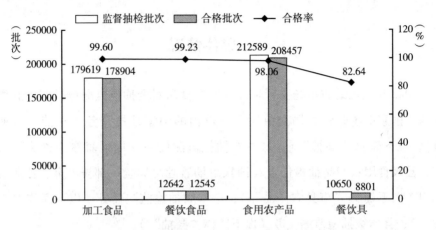

图1　河北省四种食品行业形态监督抽检情况

34 大类和其他食品中，30 大类食品和其他食品合格率超过 99.00%。其中乳制品、保健食品、婴幼儿配方食品、特殊膳食食品、特殊医学用途配方食品、可可及焙烤咖啡产品、食品添加剂 7 个食品大类和其他食品合格率达 100%。监督抽检合格率未达 100% 样品类别如图 2 所示。

（二）按地市统计

2023 年，河北省开展的监督抽检涵盖全部 11 个设区市，定州市、辛集市 2 个省直管县和雄安新区，包括全部行政区划内的县区及部分新设立的高新区、经开区，其监督抽检合格率情况见图 3。

（三）按抽样环节统计

2023 年，河北省开展的监督抽检涵盖生产、流通、餐饮三个环节，总体合格率为 98.37%。其中餐饮环节合格率最低，为 96.68%（见图 4、图 5）。

（四）生产环节监督抽检情况统计

2023 年，河北省在食品生产环节共开展监督抽检 19717 批次，合格样品 19589 批次，不合格 128 批次，总体合格率为 99.35%（见图 5、图 6）。

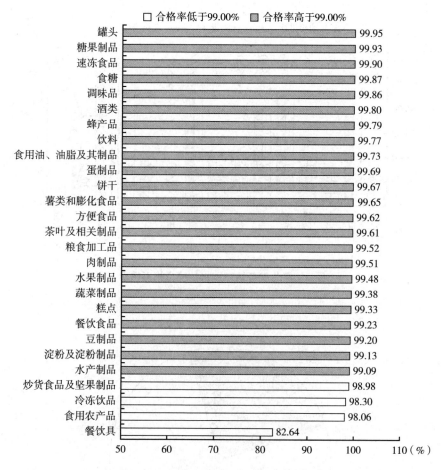

□ 合格率低于99.00%　■ 合格率高于99.00%

类别	合格率
罐头	99.95
糖果制品	99.93
速冻食品	99.90
食糖	99.87
调味品	99.86
酒类	99.80
蜂产品	99.79
饮料	99.77
食用油、油脂及其制品	99.73
蛋制品	99.69
饼干	99.67
薯类和膨化食品	99.65
方便食品	99.62
茶叶及相关制品	99.61
粮食加工品	99.52
肉制品	99.51
水果制品	99.48
蔬菜制品	99.38
糕点	99.33
餐饮食品	99.23
豆制品	99.20
淀粉及淀粉制品	99.13
水产制品	99.09
炒货食品及坚果制品	98.98
冷冻饮品	98.30
食用农产品	98.06
餐饮具	82.64

图 2　监督抽检合格率未达 100% 样品类别

（五）流通环节监督抽检情况统计

2023 年，河北省在食品流通环节共开展监督抽检 311869 批次，检测合格样品 307986 批次，不合格 3883 批次，总体合格率为 98.75%（见图5、图7）。

（六）餐饮环节监督抽检情况统计

2023 年，河北省在餐饮环节共开展监督抽检 83914 批次，检测合格样品

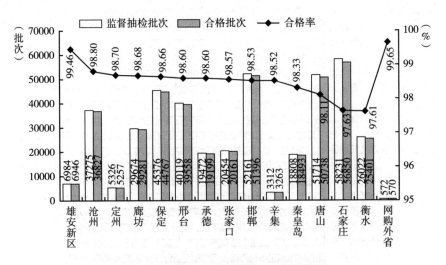

图3 河北省各地市监督抽检合格率情况

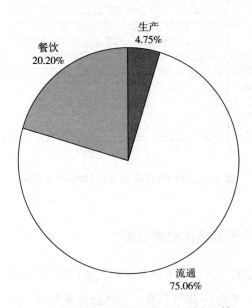

图4 河北省监督抽检各环节任务量占比情况

81132批次，不合格2782批次，总体合格率为96.68%。被抽样经营场所包括餐馆、食堂、集体配送、网络订餐、其他等5个类型16种场所（见图5、图8）。

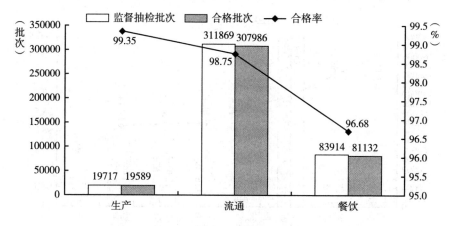

图 5　各环节监督抽检情况

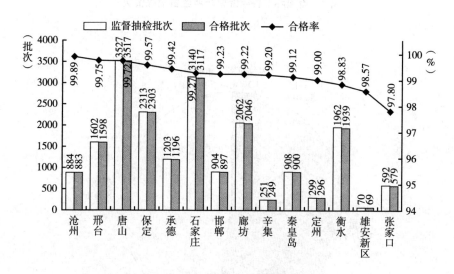

图 6　河北省各地市生产环节监督抽检情况

从经营场所来看，小吃店、快餐店、小型餐馆、中型餐馆、大型餐馆 5 种经营场所合格率低于餐饮环节总体合格率，分别为 92.91%、94.45%、95.11%、96.05%、96.65%（见图 9）。

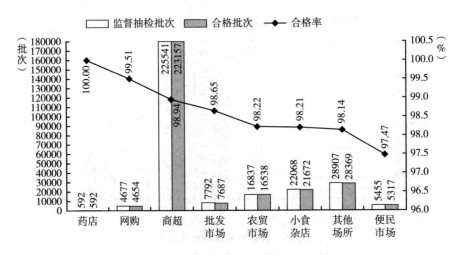

图 7　流通环节各类经营场所监督抽检情况

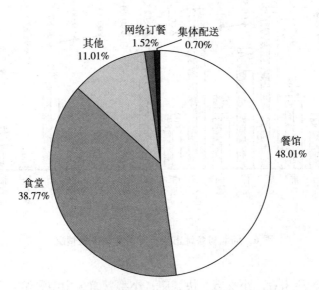

图 8　餐饮环节经营场所类型抽检任务量占比

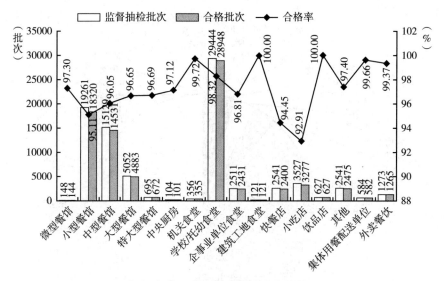

图9　餐饮环节各类经营场所合格情况

三　监督抽检不合格项目统计

（一）加工食品不合格项目统计

2023 年，全省共监督抽检加工食品 179619 批次，发现不合格 715 批次，涉及 52 个不合格项目 772 项次。其中，食品添加剂 379 项次，质量指标 158 项次，非致病微生物 150 项次，生物毒素（黄曲霉毒素、玉米赤霉烯酮、脱氧雪腐镰刀菌烯醇、赭曲霉毒素）26 项次，标签 25 项次，致病微生物 14 项次，重金属（调味料、坚果炒货、藻类干制品中的铅）6 项次，有机污染物（食用植物油中苯并［a］芘、酒中甲醇）5 项次，其他污染物（包装饮用水中的溴酸盐）5 项次，兽药残留 2 项次，其他生物（食糖中的螨）1 项次，禁限用农药 1 项次（见图 10）。

（二）食用农产品不合格项目统计

2023 年，河北省市场监管系统共监督抽检食用农产品 212589 批次，检

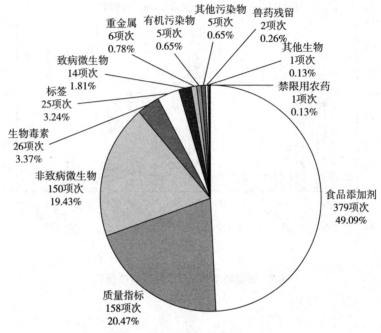

图 10　加工食品不合格项目分布

出不合格样品 4132 批次，不合格率为 1.94%。亚类食用农产品不合格发现率由高到低依次为蔬菜 2.51、水果 1.59、水产品 1.32%、生干坚果与籽类食品 1.16%、鲜蛋 0.57%、畜禽肉及副产品 0.22%（见图 11）。豆类、农产品调味料和谷物未检出不合格样品。

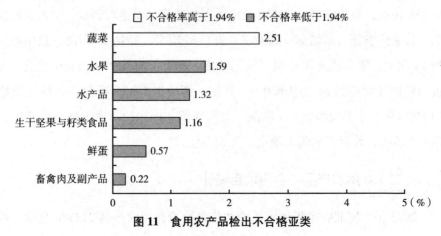

图 11　食用农产品检出不合格亚类

按照不合格项目性质可分为9类，分别为农药残留3195项次，禁限用农药901项次，兽药残留106项次，重金属（水产品中的镉，蔬菜中的铅、镉、铬）81项次，禁用药物（畜肉中五氯酚酸钠，水产品的孔雀石绿、氯霉素、呋喃类药物，鸡蛋中的呋喃类药物）25项次，质量指标（坚果籽类的酸价、过氧化值，海水鱼中的挥发性盐基氮）7项次，其他污染物7项次（豆芽中的亚硫酸盐），食品添加剂6项次（桑葚中糖精钠、脱氢乙酸，海水虾中的二氧化硫），生物毒素（坚果籽类黄曲霉毒素）1项次（见图12）。

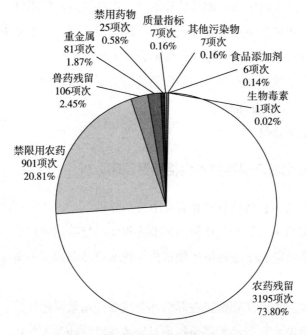

图12　食用农产品不合格项目分布

四　不合格项目及原因分析

（一）加工食品不合格项目原因分析

加工食品不合格项目主要有6个方面原因。

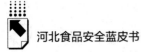

一是产品配方不合理或未严格按配方投料，食品添加剂超范围或超限量使用。

二是生产、运输、贮存、销售等环节卫生防护不良，食品受到污染导致微生物指标超标。

三是减少关键原料投入、人为降低成本导致品质指标不达标。例如黄豆酱的氨基酸态氮不合格、腐竹的蛋白质不合格、茶饮料中的茶多酚不合格等。

四是不合格原料带入，成品贮存不当、产品包装密封不良等原因导致产品变质。例如调味品中重金属等元素污染物超标，粮食加工品中玉米赤霉烯酮超标，部分食品的酸价、过氧化值不合格等。

五是生产过程控制不当。例如白酒酒精度不合格，植物油原料炒制温度过高导致苯并［a］芘超标等。

六是标签不合格。

（二）食用农产品实物不合格项目原因分析

食用农产品不合格项目主要有 4 个方面原因。

一是蔬菜和水果类产品在种植环节违规使用禁限用农药。

二是水质污染和土壤污染生物富集导致水产品和蔬菜中重金属等元素污染物超标。

三是畜禽、水产品和鲜蛋在养殖环节违规使用禁限用兽药。

四是畜禽肉和水产品贮存条件不当导致挥发性盐基氮超标；生干坚果与籽类产品贮存或运输不当导致真菌毒素、酸价超标。

五　需要引起关注的方面

（一）餐饮环节的餐饮食品及食品原料问题仍较多

5 类监督抽检任务在餐饮环节的监督抽检不合格率发现为 3.32%（包括

在餐饮环节抽检的食品原料），明显高于其他抽检环节的不合格率水平。

在监督抽检的食品行业四种形态中，餐饮具的不合格发现率最高，不合格发现率为17.36%，明显高于监督抽检1.63%的平均不合格发现率水平。

（二）部分食品大类不合格率较高

餐饮具共监督抽检10650批次，检出不合格样品1849批次，不合格率为17.36%，是不合格率最高的食品大类。在食用农产品的监督抽检中，蔬菜不合格率为2.51%，在食用农产品中属于不合格率最高的食品亚类。

（三）不合格项目相对集中

在加工食品的监督抽检中，不合格样品涉及不合格项目共52个772项次，其中食品添加剂项目和质量指标不合格537项次，占比69.56%。

在餐饮食品监督抽检中，不合格样品涉及不合格项目16个100项次，其中食品添加剂项目不合格82项次（主要为苯甲酸及其钠盐、山梨酸及其钾盐），占比82.00%。

在餐饮具抽检中，不合格样品涉及不合格项目2个1946项次，其中非致病微生物1542项次，占比79.24%。

在食用农产品的监督抽检结果中，不合格样品涉及不合格项目共66个4329项次，其中农药残留3195项次，占比73.80%。

（四）个别品种应引起重视

一是复用餐饮具清洗消毒不彻底。监督抽检餐饮具10650批次，检出不合格样品1849批次，监督抽检不合格率为17.36%。其中复用餐饮具（餐馆自行消毒）监督抽检9318批次，检出不合格样品1791批次，不合格率为19.22%，不合格率较高，存在较大问题。主要不合格项目为大肠菌群及阴离子合成洗涤剂，主要原因是餐饮具的清洗、消毒、运输环节不符合相关卫生规范。

二是食用农产品中蔬菜、水果农残超标。5类监督抽检任务中，共检出不合格食用农产品 4132 批次，主要不合格品种为姜、辣椒、香蕉、韭菜、芹菜。其中，姜检出不合格 897 批次，不合格率为 12.98%，主要不合格项目为噻虫胺；辣椒检出不合格 641 批次，不合格率为 6.08%，主要不合格项目为噻虫胺；香蕉检出不合格 446 批次，不合格率为 6.64%，主要不合格项目为吡虫啉；韭菜检出不合格 343 批次，不合格率为 7.84%，主要不合格项目为腐霉利；芹菜检出不合格 251 批次，不合格率为 3.11%，主要不合格项目为毒死蜱。

2023年河北省进出口食品质量安全状况分析及对策研究

河北省进出口食品质量安全报告课题组*

摘　要：　2023年，石家庄海关以食品安全"四个最严"重要要求为根本遵循，深入践行守国门、促发展的职责使命，着力防控进出口食品安全风险隐患，完善全链条监管体系，助力地方经济的高水平、高质量发展。进出口食品整体质量安全状况稳定、良好，全年未发生区域性、行业性重大进出口食品安全问题。本文对海关进出口食品安全监管的总体情况进行总结，对进口食用植物油、出口干坚果、进口乳品、进口酒类、进出口肉类、进出口水产品、出口肠衣7类产品的质量安全状况开展分析评估，对现阶段进出口食品安全领域面临的形势进行研判，进而提出2024年进出口食品安全监管工作整体思路。

关键词：　进出口食品　食品安全　监管

2023年，石家庄海关坚持以习近平新时代中国特色社会主义思想为指导，以食品安全"四个最严"重要要求为根本遵循，严格落实海关总署和河北省委、省政府各项工作部署，坚持政治统领，按照进出口食品

---

* 课题组成员：张志军，石家庄海关进出口食品安全处处长；程靓，石家庄海关进出口食品安全处副处长；李树昭，石家庄海关进出口食品安全处三级调研员；陈茜，石家庄海关进出口食品安全处科长；李华义，石家庄海关进出口食品安全处三级主任科员；李晓龙，石家庄海关进出口食品安全处科长；王琳，石家庄海关进出口食品安全处一级主任科员；岳韬，石家庄海关进出口食品安全处科长；吕红英，石家庄海关进出口食品安全处四级调研员。

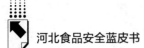

安全"源头严防、过程严管、风险可控"原则，在维护国门进出口食品安全的基础上，进一步完善全链条监管体系，积极推进进出口食品安全领域智慧监管和"智慧海关"建设进程，提升综合治理能力和水平，切实助推地方经济高质量发展，全年未发生系统性、区域性重大进出口食品安全问题。

一 进出口食品总体情况

（一）贸易情况

2023 年共实施进出口食品检验检疫货值 123.07 亿元，其中出口食品货值 69.87 亿元，进口食品货值 53.20 亿元。在出口方面，主要产品及其货值分别为肉类（含肠衣）11.06 亿元、水产品 16.06 亿元、罐头 10.52 亿元、蔬菜制品 11.68 亿元、板栗 1.50 亿元、酒类及饮料 1.40 亿元；在进口方面，主要产品及其货值分别为肉类 15.13 亿元、原糖 11.04 亿元、食用植物油 7.34 亿元、乳制品 5.90 亿元、谷物及谷物粉 3.61 亿元、酒类 1.89 亿元。

（二）监管总体情况

一是立足海关监管主阵地，筑牢国门安全屏障，按照《进口食品"国门守护"行动方案（2020—2025 年）》部署要求，把好进口食品安全关。严格执行输华食品准入管理制度，依法依规开展进境动植物源性食品检疫审批，在口岸环节严防非洲猪瘟、禽流感等重大动植物疫情通过食品进口渠道输入。2023 年以来共批准签发进口食品《进境动植物检疫许可证》92 个，涉及巴西、匈牙利、智利、丹麦等国家和地区进口肉类及水产品。同时积极组织开展专题培训，进一步提升检疫审批规范化及标准化水平，切实提升工作效率。严格落实输华食品"源头管控"要求，积极完成海关总署部署的各类进口食品境外管理体系评估、境外食品生产企业文件评审及视频检查工作任务。认真组织开展斯里兰卡输华水产品安全管理体系视频检查，在确保其产品质量安全状况符合我国法规标准要求的基础上推动实现斯里兰卡水产品对我国准入；组织开展印度输华水产品卫生证书及议定书的翻译评估；编写孟加拉国输华冻蟹可行性研究报告；积极参与马来西亚输华燕窝及制品生产企业视频检查4家次，完成后续整改材料的翻译评估40项次；开展境外输华水产品、肉类、蜂产品、燕窝等食品生产企业注册变更评审972家次，发现各类问题456项次。

二是严格监督落实海关总署进出口食品监督抽检和风险监测计划。承担进出口食品监督抽检、跨境电商进口食品风险监测、出口动物源性食品安全风险监测等任务。根据河北省出口食品备案企业分布和2022年食品出口业务情况，制定具体实施方案，明确工作要求并监督指导各隶属海关按照《进出口食品安全监督抽检和风险监测工作规范》要求严格开展相关工作。2023年完成进出口食品、化妆品监督抽检计划样品共357个，检验2258项次；采集236个动物源性食品样品实施风险监测。

三是实施跨境电商网购保税进口食品"健安2023"专项行动，加强申报审核，防范化解跨境电商进口食品不执行有关境外注册监管要求风险。聚焦跨境电商网购保税进口保健品，就有明显风险指征的商品和企业开展风险研判，针对原产自加拿大的"辅酶Q10"和原产自美国的"不老药"自主抽取样品实施专项风险监测。采取实地巡查、视频监控等方式进行巡库，专项行动期间对25种2970件过期食品进行处置，切实履行相应食品安全风险防控职责。

四是规范开展境外通报信息核查及不合格信息采集。针对河北省18家出口食品被境外通报情况及时发布核查指令开展核查，协助企业查找原因并落实预防性控制措施；持续加强对不合格食品的监督管理，2023年以来共采集出口糖果、蜜枣、脆冬枣、有机冻干山楂果和冷冻章鱼等产品不合格信息5项次。

五是对出口腌渍蔬菜备案生产企业开展全面排查，对河北省7家企业开展现场排查指导，排查26家出口腌渍蔬菜备案生产企业，注销3家近年来未出口相关产品企业的备案资质，监督并跟踪验证23家发现问题企业的限期整改工作。

六是积极开展"进口食品企业安全责任年"活动。制定《石家庄海关"进口食品企业安全责任年"活动实施方案》，举办"进口食品企业安全责任年"启动仪式，组织辖区企业签订《进口食品企业食品安全承诺书》200余份。选定全省40家食品进口商开展"追踪2023"食品进口记录销售记录专项核查，深入推进进口食品各类生产经营者切实履行食品安全社会主体责任，从源头防范化解进口食品安全风险。

七是积极助力特色产业发展。针对石家庄市辛集进口肉类指定监管场地的项目申报、验收等环节持续给予政策技术指导和开展政策宣讲，简化进口肉类检疫审批流程，审批时长压缩28.6%；通过采取预约通关、即到即查、优先取样送检等方式，有效节约企业仓储物流成本，确保各项优惠措施落实落地。自2023年2月该监管场地运营以来已有200余家进口肉类企业入驻，进口肉类超过1万吨，货值达4.1亿元。在2023年12月向河北省人民政府提交《石家庄海关关于全力支持我省进口肉类产业发展情况的报告》，在总结海关工作成效的同时提出制约河北省进口肉类产业发展的短板及工作建议。

八是持续加强与地方政府部门的协作配合。联合地方政府市场监管、农业农村、卫生健康、公安等部门，共同做好进出口食品安全相关监管工作。石家庄海关作为省政府食品安全委员会成员单位，积极参与食品安全风险防控联席机制联席会议，加强安全风险隐患分析及综合治理，2023年以来向地方政府食品安全监管部门通报出口检出不合格食品信息3次，形成食品安全风险管理共治的良好格局。

九是组织开展"2023年全国食品安全宣传周"系列活动，发放宣传材料3210册，组织宣传活动92场次，举办讲座31场次，开展现场咨询1452人次，受众面达4949人次。

二　主要进出口食品质量安全分析及监管措施

（一）进口食用植物油

1. 质量状况

2023年河北辖区进口食用植物油产品主要为原产于印度尼西亚、马来西亚的大宗散装食用棕榈油、其他加工油脂，少部分为原产于奥地利、俄罗斯、英国、厄瓜多尔、德国、菲律宾、乌克兰的食用或初榨菜籽油、食用植物调和油、初榨葵花籽油及初榨大豆油等。进口食用植物油加工生产集中在秦皇岛、廊坊两地，全部用作生产加工原料，质量安全状况良好，无安全卫生项目不合格。

2. 监管情况

食用植物油是河北省重要的大宗进口食品，其质量安全一直受到消费者的广泛关注，海关高度重视进口食用植物油的检验监管，严格执行法律法规及规范性文件，有效落实各项措施，切实保障质量安全。一是督促进口商诚实守信、依法生产经营，切实落实主体责任，要求其进口的食用植物油符合我国食品安全法律法规及国家标准要求。要求进口商严格按照有关规定建立进口和销售记录，建立追溯体系；二是按照海关总署的要求，做好进口食用植物油进口商备案工作，依照我国食品安全国家标准要求，对进口食用植物油严格实施检验，对抽中需送检的进口食用植物油按照流程要求进行实验室检验，依照检验结果进行合格评定。

（二）出口干坚果

1. 质量状况

2023年度河北辖区出口产品主要包括两类，其中干果类主要有核桃（仁）、杏仁、板栗、干枣等，主要分布在秦皇岛、唐山、承德、沧州、保定等地，张家口、邢台、石家庄有少量分布，主要出口中国台湾、日本、韩国、马来西亚、越南、泰国等国家和地区；干（坚）果炒货类主要有冻熟栗（仁）、熟制花生、琥珀核桃仁、混合米果、坚果零食、油炸蚕豆等，主要集中在沧州、保定、衡水等地，主要出口加拿大、日本、韩国等国家。质量安全状况良好，无安全卫生项目不合格。

2. 监管情况

一是加强原料质量管理。根据产品原料特性、类别等特点，严密监控原料产地病虫害发生、农药使用情况，关注出口国家或地区的标准要求，定期开展风险分析，要求企业建立原料收购台账，从源头保障质量安全。

二是严格实施抽样检验。严格执行 2023 年度国家出口食品安全抽样检验计划，按照要求实施采样、实验室检验，规范合格评定，密切关注农药残留、重金属等高风险项目，保障产品质量安全。

三是进一步加大宣传力度，提升企业质量安全责任主体意识，增强辖区企业知法、懂法、守法的意识和主观能动性。

3. 监管风险及难点

一是干坚果产品规范化种植管理程度较低，难以对用药情况进行有效监管，终产品农药残留情况依然不容乐观。

二是干坚果产品尤其是鲜板栗有害生物风险较高，在板栗成长期及收获过程中，栗实象甲虫危害较大，一般于夏秋季在栗包上钻孔产卵，将卵产于栗果实内，卵孵化成幼虫继续在栗果实内蛀食，不形成虫孔，危害隐蔽，在检疫过程中很难检出，需在板栗种植环节加强对栗实象甲虫虫害的防治。

三是结合全国出口干坚果及其制品的质量安全状况，花生制品中检出黄曲霉毒素的情况依然存在，应引起重视。

4. 工作建议

一是加强与干坚果类产品产区政府有关部门合作，从源头加强对种植环节的管理，及时掌握农林部门发布的病虫害疫情，督促种植户正确合理使用农业投入品，从源头控制产品的质量安全。

二是干坚果是河北省优质特色产品，建议政府加大支持力度，帮助产地设立检验检测中心，引导和鼓励有条件的实验室升级，健全检测网络，提升整体检测水平。

三是加强对出口企业的引导，及时向企业通报国外相关产品标准和要求，并建立良好的出口秩序，遏制恶性竞争，严厉打击掺杂使假、以次充好的行为。

（三）进口乳品

1. 质量状况

2023年河北辖区进口乳品主要为全脂奶粉、脱脂奶粉、脱盐乳清粉，主要集中在石家庄、廊坊两地，用作生产加工原料，质量安全状况良好，无安全卫生项目不合格。

2. 监管情况

按照海关总署工作要求严格对进口商实施备案管理，要求其建立乳品进口记录和销售记录，掌握进口产品的来源和流向；严格验核企业资质，进口乳粉境外生产企业申报信息（包括名称、地址、注册号、注册范围等），进口商、出口商备案信息；严格验核随附证明文件，重点验核企业报关时提供的原产地证书、兽医卫生证书和检测报告。按照海关总署进出口食品安全局下发的原产地证明和兽医卫生证书样稿，比对证书格式、签发机构、签章等辨别真伪。按照乳粉食品安全国家标准比对企业检测项目，严格杜绝不合格乳粉进入国门；严格现场查验，严格按照系统布控指令对抽中查验的乳粉进行查验。督促进口商落实主体责任，对进口产品质量安全负责。认真执行2023年度国家进口食品安全风险监测计划，严格实施现场查验、实验室检验，依照检测结果进行合格评定。

（四）进口酒类

1. 质量状况

2023年河北辖区进口酒类产品主要为葡萄酒、威士忌酒、杜松子酒、朗姆酒、龙舌兰酒等，产品主要来自英国、西班牙、荷兰、墨西哥。全年未检出不合格情况，质量稳定良好。

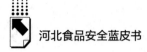

2. 监管情况

按照海关总署的要求严格对进口商实施备案管理，要求其建立进口记录和销售记录，掌握进口产品的来源和流向；严格验核企业资质，进口酒类境外生产企业申报信息（包括名称、地址、注册号、注册范围等），进口商、出口商备案信息；严格验核随附证明文件，重点验核企业报关时提供的原产地证书、检测报告，严格按照系统布控指令对抽中查验的产品进行查验。检查中文标签是否符合《食品安全国家标准 预包装食品标签通则》（GB 7718-2011）要求。认真执行 2023 年度国家进口食品安全风险监测计划，严格实施现场查验、实验室检验，依照检测结果进行合格评定。

（五）进出口肉类

1. 进口肉类

（1）质量状况

2023 年河北辖区进口肉类主要为牛肉及其制品、猪肉及其制品，质量安全状况良好，无安全卫生项目不合格。

（2）监管情况

准入环节，对境外生产企业注册情况、境外出口商或代理商和境内进口商备案情况、《进境动植物检疫许可证》进行审核，确认进口肉类产品在"符合评估审查要求及有传统贸易的国家或地区输华食品目录"内；现场查验环节，根据布控指令结合海关总署安全监督抽检和风险监测计划开展现场查验和取样送检；对企业实施风险分类管理，提升企业质量安全和管理能力，使企业真正发挥质量安全主体责任作用。

（3）工作建议

一是强化进口商和经营者的主体责任，督促其完善进口记录和销售记录，确保进口肉类可追溯；二是通过媒体和公共宣传渠道定期发布食品安全知识，向消费者宣传如何识别正规进口肉类产品，提高消费者自我保护能力；三是增强国际交流，及时掌握国际食品安全最新动态和技术标准更新进展，实时获取国际疫情和食品安全事件通报，以便及时采取风险管理措施。

2.出口肉类

（1）质量状况

2023年河北辖区出口肉类主要为禽肉及其制品、羊肉及其制品、牛肉及其制品、猪肉及其制品，质量安全状况良好，无被国外退运或索赔情况发生，全年未发生境外国际或地区通报情况。

（2）监管情况

对出口企业进行法律法规宣贯，增强企业主体责任意识，提高管理水平，加强自检自控，确保食品安全卫生质量。日常监管方面，按照相关文件和作业指导书中关于出口肉类日常监管的要求，对企业卫生质量管理体系、设施设备及生产加工过程等进行风险排查。在出口环节根据系统布控结合安全风险监测和监督抽检结果进行合格评定。按要求对供港禽肉养殖场开展高致病性禽流感和新城疫疫情监测。

（3）工作建议

对出口企业开展专项业务培训和法律法规的宣传，不断提高管理水平，增强企业质量安全第一责任人的意识，使其业务水平和管理理念能够跟上出口要求的变化。加强各协作组成员之间的交流，建立健全出口肉类产品预警体系，及时搜集和更新国外该类产品相关标准、检测方法等资料，并将信息在网站同步公布，以便一线检验检疫人员、生产企业随时掌握有关信息。

3.风险监控状况

严格落实海关总署进出口食品监督抽检和风险监测计划，根据河北省进出口肉类备案企业分布和2022年肉类进出口业务情况，制定具体实施方案，严格开展相关工作。

4.2023年度重点工作开展情况

一是推动河北省进口肉类产品等进口冷链贸易的顺利开展。以"积极支持、科学调度、稳妥实施"为原则，充分发挥职能技术优势，积极支持石家庄市辛集进口肉类指定监管场地进口肉类贸易的顺利开展，确保海关在进出口食品安全领域各项促进外贸保稳提质及优化营商环境的优惠措施落实落地。选派处室业务专家进驻作业现场开展集中专项工作，对指定监管场地的建成、开办进口业务及现场检验检疫监管在制度建设、业务衔接等方面给予指导。2023 年 2 月 11 日，辛集进口肉类指定监管场地作为河北省内陆唯一的进口肉类指定口岸开办业务实现首批进口，这对于满足人民群众多元化消费需求，支持地方政府优化产业结构，提升产业效能具有重要意义。二是做好进口食品源头管控，筑牢国门安全屏障。严格执行输华食品准入管理制度，依法依规开展进境动植物源性食品检疫审批，在口岸环节严防非洲猪瘟、禽流感等重大动植物疫情通过食品进口渠道输入。严格落实输华食品"源头管控"要求，积极完成海关总署部署的各类进口食品境外管理体系评估、境外食品生产企业文件评审及视频检查工作任务。

5. 工作措施

一是持续严格落实输华食品准入管理制度，依法依规开展检疫审批，在口岸环节严防非洲猪瘟、禽流感等重大疫病疫情输入。二是加大对冷链食品等高风险及敏感类产品的检验检疫监督管理力度，重点关注并严格执行日本输华进口食品监管要求。三是落实输华食品"源头管控"要求，高质量高效率完成海关总署部署的进口食品境外输华企业评审及视频检查任务。四是加大专项培训力度，助力一线人员系统全面掌握政策法规要求，统一执法尺度，实现规范化、标准化作业目标。

（六）进出口水产品

1. 质量状况

河北是沿海省份，贝类、头足类、虾类等水产品的出口量位居全国前列，出口企业主要集中在秦皇岛、唐山、沧州等地，出口产品形式主要为速冻产品。2023 年河北辖区进口水产品主要为冷冻贝类、冷冻南美白对虾等；出口水产品主要为冻扇贝柱、冻虾夷扇贝、冻煮杂色蛤肉、冻章鱼、调味章鱼、冻河豚鱼、冻虾仁等。出口国家和地区主要为美国、日本、韩国、中国香港、中国台湾、新加坡、澳大利亚、新西兰、俄罗斯、加拿大等，产品整体质量较好。

2. 监管情况

依据《中华人民共和国进出口食品安全管理办法》（海关总署令第249号）等文件要求对进出口水产品实施监管，按照海关总署监督抽检和风险监测计划实施实验室采样送检。

在出口监管方面，按照"预防为主、源头监管、全过程控制"的原则，对出口水产品养殖场实施备案管理，强化源头监管，保障产品可追溯性，结合河北省出口水产企业实际制定日常监管企业名录，依托海关自主研发的智慧监管信息化系统，统筹组织做好日常监管工作，指导企业落实主体责任，保障其质量安全管理体系良好持续运营。

在进口监管方面，按照"预防在先、风险管理、全程管控、国际共治"的原则，建立符合国际惯例，覆盖进口前、进口时、进口后各个环节的进口食品安全全链条监管体系。进口前严格准入，对进口水产品贸易国准入情况、国外出口商和生产企业的注册资质情况严格审核，对国内进口商实施备案管理，对携带疫病风险较高的两栖类、爬行类、水生哺乳类、养殖水产品以及原产日本水产品依据有关要求严格实施检疫审批，并按照海关总署要求自2024年8月24日起暂停受理原产日本水产品进口申报；进口时严格检验检疫，不符合要求的，依法采取整改、退运或销毁等措施；进口后严格后续监管，要求进口商建立和完善进口销售记录制度，完善进口食品追溯体系，对不合格进口水产品及时召回。

3. 2023年度重点工作开展情况

一是做好境外水产品管理体系评估审查。组织开展斯里兰卡输华水产品安全管理体系视频检查，在确保其产品质量安全状况符合我国法规标准要求的基础上推动实现斯里兰卡水产品对我国准入；编写了孟加拉国输华冻蟹可行性研究报告；组织开展了印度输华水产品卫生证书及议定书的翻译评估。

二是在日本核污染废水排海事件发生后，主动作为，深入秦皇岛、唐山等地进出口水产品企业开展实地走访调研，从服务国家战略大局、保障民生安全的角度大力做好政策宣贯，倾听企业诉求，就对河北省水产品企业外贸造成的影响积极开展研判，积极为企业纾困解难。

4. 工作建议

强化地方有关部门与海关关于本地水产企业经营状况、贸易瓶颈等信息的共商共享，立足地方特色产业，由政府引导和支持水产品加工发展和产业转型，形成"政府+海关+企业"三位一体合力推动的良性发展格局。

一是指导企业合理统筹"两个市场""两种资源"。引导企业充分利用国内、国外（原产地非日本）水产资源，深耕国内市场，转型内贸生产经营，调整生产加工品种。积极做好国外水产品准入和境外企业注册，拓宽原料来源渠道，加大出口水产品企业对外推荐注册力度，拓展国际市场，推动更多优质特色水产品出口。

二是加强国内扇贝优质种质资源培育，降低对进口原料的依存度。我国扇贝养殖产量居世界第一位，但受种质资源、养殖模式、养殖环境等条件限制，养殖产品多为 1 年生，处于规格、品质"低"端。要进一步优化国产扇贝养殖产业布局，提高扇贝原料品质，提升原料应用转化率，填补进口原料缺口，满足出口水产品企业生产需求，助力企业生存和可持续发展。

三是优化营商环境，支持企业转型升级。鼓励企业细分市场，向精深加工方向转型，打造竞争优势，实现产品多元化，提高产品附加值，培植创新型"单项冠军"生产企业。支持河北省进口冷链食品监管场地和保税冷库建设，提升冷链查验仓储能力，减少产品在其他口岸滞留、进口周转所需额外费用，用好水产品进口绿色通道，压缩口岸通关时长，提升物流效率。

四是释放政策红利，提升国际市场竞争力。加大政策指导力度，推动企业尽快了解国际贸易规则，熟悉通关流程，用足用好海关惠企政策，对重点企业实施"一对一"精准 AEO 认证培育，充分利用海关 AEO 国际互认政策享受跨国便利措施；研究税收减免、优化金融服务等扶持政策，进一步降低企业进出口成本，稳固在国际市场的价格优势，提升国际市场竞争力。

（七）出口肠衣

1. 质量状况

2023 年河北辖区出口肠衣主要为猪肠衣、羊肠衣，质量安全状况良好，无被国外退运或索赔情况发生，全年未发生境外国际或地区通报情况。

2.监管情况

对出口肠衣企业开展定期管理类核查和日常监管，对企业卫生质量管理体系、设施设备及生产加工过程等进行全方面风险排查。加强法律法规宣贯，增强企业主体责任意识，提高管理水平，加强自检自控，确保食品安全卫生质量。2023年全年产品质量稳定，产品均合格并顺利出口。

3.风险监控状况

严格落实海关总署进出口食品监督抽检和风险监测计划，根据河北省出口肠衣企业分布和2022年业务情况制定具体实施方案并推动落实。

4.监管风险及难点

国产肠衣原料主要来自内蒙古、河北等地，由于我国饲养模式传统，饲养过程中超范围使用兽药或用药不当极易造成兽药残留情况发生。虽然企业按照卫生质量管理体系的要求对肠衣原料验收环节进行兽药检测，但仍然存在抽样代表性差的问题，加之有些原料采购自流通领域，更加导致肠衣原料溯源困难，存在兽药残留的风险。此外，面对不断变化的国际市场环境和严格的卫生标准，一些企业由于信息渠道有限、语言障碍、专业知识缺乏等，缺乏对国际卫生法规的深入了解，存在对不同贸易国家或地区卫生要求了解不及时的风险。

5.工作建议

一是加强食安委成员单位之间的交流，建立健全出口肠衣产品预警体系，及时收集和更新国外该类产品相关标准、检测方法等资料，并将信息在网站同步公布，以便一线检验检疫人员、生产企业随时掌握有关信息。二是加强走访调研，了解企业在外贸经营中存在的难点堵点，掌握企业的实际需求，收集企业对海关工作的意见建议，对企业诉求认真研究解决方案，制定"一企一策"帮扶措施，助企解决实际困难。三是对出口企业开展专项业务培训和法律法规宣传，不断提高管理水平，增强企业主体责任意识，使其业务水平和管理理念能够跟上出口要求的变化。四是加强国家制度体系建设，由农牧部门加强对兽药生产、销售及使用各环节的监督管

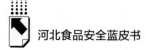

理，从根本上解决养殖场和饲养户用药不规范的问题，从而在源头杜绝兽药残留的问题。

三 当前工作面临的形势和存在的主要问题

进口食品安全风险监管形势严峻。从"守护国门"安全的角度来讲，当前食品贸易链国际化发展和国际食品安全形势复杂多变，进口食品源头安全是食品安全的根本。2023年7月境外13个国家和地区发生400余起非洲猪瘟疫情；9月巴西发现H5N1高致病性禽流感疫情；5月以来非洲暴发的H7N6禽流感已导致南非约1/4的家禽死亡。随着气候渐冷，疫情疫病传播势必加剧，食品进口贸易渠道的疫病疫情防控工作任重道远。与此同时，受日本排放福岛核污染废水影响，污染随时间推移不断加剧，一旦随食品进口渠道传入，将严重危害我国人民身体健康甚至生命安全。尽管海关总署针对日本输华食品发布的一系列监管政策要求对防控放射性污染传入有显著效果，但进口日本食品安全监管仍面临严峻的挑战。从应对新兴业态贸易方式来讲，诸如跨境电商零售等渠道进口食品潜在较高的安全风险隐患。近年来，我国跨境电商进口贸易因其便捷、高效等特点得到了迅猛发展，但由于配套制度尚不完善，具体监管工作面临职责界定不清晰、要求不明确等问题，相较于一般贸易监管难度较大，且该贸易方式进口食品种类繁多复杂，部分产品HS编码难以界定，极易出现监管漏洞，给消费环节带来安全隐患。此外，走私夹带等违法行为屡禁不止，加之社会层面部分消费者缺乏基本的安全常识，盲目购买非正当渠道进口食品等情形，都给进口食品的消费和食用带来了安全风险隐患，也对当前监管工作提出了更高的要求。

四 2024年进出口食品安全监管工作整体思路

（一）持续深入加强政治建设

河北省将不折不扣落实习近平新时代中国特色社会主义思想作为首要政

治任务，自觉把思想和行动统一到党中央决策部署上来，推动党的政治要求在进出口食品安全领域真正落地生根，以高质量党建引领高质量业务工作开展，将政治要求落实到进出口食品安全工作的全方面、各环节。

（二）突出风险管理理念，推动强化对企监督管理

在充分结合各类发现问题的基础上，合理甄别企业风险等级，统筹组织实施日常监管，切实将其有机嵌入口岸检查、属地查检、监督抽检和通报核查等各个环节，有效整合监管资源，形成部门合力确保对企管理要求落实落细落地，真正避免监管缺失造成的"真空"和漏洞。

（三）加强对安全风险管理，把好进口食品安全关

严格执行"国门守护"行动要求，一是持续严格落实输华食品准入管理制度，依法依规开展检疫审批，在口岸环节严防非洲猪瘟、禽流感等重大疫病疫情输入。二是加大对冷链食品等高风险及敏感类产品的检验检疫监督管理力度，重点关注并严格执行日本输华及跨境电商零售进口食品管理要求。三是落实输华食品"源头管控"要求，高质量、高效率完成海关总署部署的进口食品境外输华企业评审及视频检查任务。

（四）不断强化专业人才队伍建设

加大专项培训力度，助力一线人员系统全面掌握政策法规要求，统一执法尺度，实现规范化、标准化作业目标。有效整合进出口食品安全专家资源，建立并加强境外食品生产企业评估高素质专家型人才队伍，提高完成效率及质量，提升整体进口食品源头监管能力。

专题报告 ◪

B.8
建立和不断完善食品安全保障体系
——兼论打造河北省食品安全新高地

张永建*

摘　要：　食品安全不仅是党和政府始终高度重视的重大问题，也是全社会关注的重大社会热点问题。虽然短期内针对存在的突出问题，可以通过对我国食品安全监管的演进历史考察以一两个方面、一两个环节或一两个保障体系予以缓解或暂时解决，但长期性、根本性问题的解决需要根据系统的思想进行管理和综合治理。我国在建立健全食品安全保障体系中，根据管理目标，重点是建立和不断完善食品安全的监管体系、立法执法体系、风险管理体系、检验检测体系、信用体系、应急管控处置体系、舆情监测与应对体系、科技支撑体系、培训和宣教体系、社会共治体系十大保障体系，促进食品安全保障能力和食品安全水平的全面提高。此外，还要进一步压实企业食品安全的主体责任。

关键词：　食品安全　保障体系　主体责任　河北

---

* 张永建，中国社会科学院食品药品产业发展与监管研究中心主任，主要从事食品药品产业和健康产业的发展与监管研究。

　　近年来，政府监管趋严、公共监督加强、企业自律性提升等多方面因素共同作用，促进了我国食品安全状况的改善，我国食品安全形势正在趋稳并出现向好势头。但是，面对社会公众对食品安全的渴望、国际市场竞争的压力和重大食品安全事件时有发生的现实状况，我国食品安全及其监管仍有非常大的压力和挑战。客观地看，我国食品安全治理仍处在负重爬坡的关键阶段，综合监管能力建设和监管资源的优化配置还在进行中，各种问题和矛盾仍在不同程度地解决过程之中，治理的作用与效果的显现可能还需要时间和过程，强化监管和风险多发仍将在一个时期内并存，食品安全治理不仅是一项责任重大且十分紧迫的任务，而且是一项需要长期努力、扎实推进的艰巨工作。结合我国实践并从全球范围角度来看，食品安全更是一项任重道远的工作，食品安全是永恒的课题。

一　强化和落实"两个责任"提升食品安全保障能力

（一）食品安全是党和政府高度重视以及社会高度关注的重大问题

　　民以食为天，食以安为先。食品安全是党和政府始终高度重视的重大问题。习近平总书记在 2013 年 12 月的中央农村工作会议上指出："能不能在食品安全上给老百姓一个满意的交代，是对我们执政能力的重大考验。我们党在中国执政，要是连个食品安全都做不好，还长期做不好的话，有人就会提出够不够格的问题。所以，食品安全问题必须引起高度关注，下最大气力抓好。"食品安全不仅是党和政府始终高度重视的重大问题，也是全社会关注的重大社会热点问题。2009～2014 年，清华大学媒介调查实验室与《小康》杂志联合开展的"中国平安小康指数"调查中，影响中国城市居民安全感的食品安全问题排名居高不下。中国社会科学院食品药品产业发展与监管研究中心"中国食品行业舆情与品牌传播研究课题组"对 2023 年食品领域的舆情跟踪监测和分析显示，在十大信息平台传播的超过 1.6 亿条食品领域的信息中，提及"食品安全"的达到 1665.2 万条，在 50 个监测点位中排

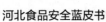

在第 3 位；提及"监管"的有 831.1 万条，在 50 个监测点位中排在第 7 位。

近年来，我国在食品安全的体制机制、法律法规、产业规划、监督管理等方面采取了一系列重大举措，食品产业快速发展，安全标准体系逐步健全，检验检测能力不断提高，全过程监管体系基本建立，重大食品安全风险得到控制，人民群众饮食安全得到保障，食品安全形势不断好转。

但是，我国食品安全工作仍面临不少困难和挑战，形势依然复杂严峻。微生物和重金属污染、农兽药残留超标、添加剂使用不规范、制假售假等问题时有发生，环境污染对食品安全的影响逐渐显现；违法成本低，维权成本高，法制不够健全，一些生产经营者唯利是图、主体责任意识不强；新业态、新资源潜在风险增多，国际贸易带来的食品安全问题加深；食品安全标准与最严谨标准要求尚有一定差距，风险监测评估预警等基础工作薄弱，基层监管力量和技术手段跟不上；一些地方对食品安全重视不够，责任落实不到位，安全与发展的矛盾仍然突出。这些问题影响人民群众的获得感、幸福感、安全感，成为全面建成小康社会、全面建设社会主义现代化国家的明显短板。

针对食品安全中存在的问题，我国持续开展了高强度、多方面的治理。近年来，随着"四个最严"指导思想的确立和具体实施，政府监管强化、公共监督加强、企业自律性提升等多方面因素的共同作用，促进了我国食品安全状况改善。国家食品安全监督抽检显示，"十三五"以来，我国食品安全状况总体稳定，没有发生大的区域性和系统性事件，区域性和系统性食品安全风险得到有效控制（见表 1）。

表 1 "十三五"以来国家食品安全监督抽检结果

单位：%，个百分点

年度	2016	2017	2018	2019	2020	2021	2022	2023
不合格率	3.20	2.40	2.40	2.40	2.31	2.69	2.86	2.73
同比变动	0	-0.80	0	0	-0.09	0.38	0.17	-0.13

资料来源：根据政府相关网站整理。

2023 年，消费量大的粮食加工品，食用油、油脂及其制品，肉制品，蛋制品和乳制品五大类食品抽检合格率分别为 99.48%、99.2%、99.19%、99.86%、99.87%，这也是 5 年来首次这五大类产品抽检合格率全部超过99%。经过长期持续的治理，我国有效控制了食品安全风险，基本杜绝了系统性、区域性食品安全事件的发生，食品安全状况稳定向好，恢复了消费者的信心，促进了食品市场和食品产业的发展。

虽然我国在食品安全领域的治理取得了很大的成就，但由于食品安全的复杂性和特殊性，食品安全以及食品安全监管仍然是一项需要长期面对的挑战。

（二）我国食品安全监管中的责任强化和责任落实

纵观近 20 年来我国食品安全监管的发展，从责任管理的视角考察，就是不断强化和落实"两个责任"：一是强化和落实食品生产经营者所承担的食品安全主体责任；二是强化和落实监管部门特别是地方政府的食品安全属地管理责任。

1. 强化和落实食品生产经营者所承担的食品安全主体责任

在强化和落实食品生产经营者所承担的食品安全主体责任方面，我国通过不断建立健全法律法规、食品安全标准和检验检测标准、食品安全信用体系等一系列措施，促进食品生产经营者落实食品安全的主体责任，并对食品生产经营者落实食品安全的主体责任作出相应的规定。例如，自 2022 年 11月 1 日起施行的《企业落实食品安全主体责任监督管理规定》（以下简称《规定》），其背景是近年来在各方共同努力下，食品生产经营企业的主体责任意识、法律意识明显提升，食品产业获得长足发展，但同时仍存在企业未依法配备食品安全管理人员以及职责任务不清晰、对食品安全的管控不到位等情况，导致主体责任落实不到位。为推动真正落实企业主体责任，国家市场监督管理总局依据《中华人民共和国食品安全法》及其实施条例等法律法规有关要求，制定了《规定》。

从食品安全的客观性看，结合我国实践并从全球范围角度看，食品安全

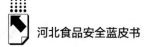

是一项任重道远的工作，食品安全是永恒的课题。面对日益复杂的食品安全形势，应通过深化食品安全监管改革，用系统的思维、系统的方法和手段实施系统的管理。从这个意义上来讲，强化和落实食品生产经营者所承担的食品安全主体责任，是推动和落实责任，深化食品安全监管的具体体现、具体方法和具体抓手。

2. 强化和落实监管部门特别是地方政府的食品安全属地管理责任

习近平总书记在 2013 年 12 月的中央农村工作会议上指出，食品安全，也是"管"出来的。习近平总书记在对食品安全工作的重要指示中强调，确保食品安全是民生工程、民心工程，是各级党委、政府义不容辞之责。2019 年 2 月，中共中央办公厅、国务院办公厅印发《地方党政领导干部食品安全责任制规定》，对地方党政领导干部的食品安全职责、考核监督、奖惩等作出了明确规定，对于推动形成"党政同责、一岗双责，权责一致、齐抓共管，失职追责、尽职免责"的食品安全工作格局，提高食品安全现代化治理能力和水平具有重大而积极的作用。

一方面，对于"企业是食品安全的第一责任人，承担食品安全主体责任"的认识不仅达成广泛的共识，其理念也体现在相关的管理法律法规中。另一方面，政府对食品安全的监管也是不可或缺的，严格、有力和科学的监管是保障食品安全的基础支撑。企业和政府是食品安全的一体两翼，都是不可或缺的重要组成部分。

仍然以《企业落实食品安全主体责任监督管理规定》为例，《规定》不仅是食品生产经营者的责任和义务，也是监管部门的一项重要工作，在《食品安全工作评议考核办法》考核内容中有一项是"食品安全年度重点工作"，其中"落实生产经营者主体责任"是七项重点工作之一，也就是说政府监管部门要督促和监督食品生产经营者落实食品安全主体责任监督管理中的各项规定，这是管理部门的责任，也是考核的重要内容。由此可见，《规定》既是加强监管针对性的举措，更是对企业落实食品安全主体责任的指导和具体要求，也是"食品安全工作评议考核"的重要内容。

2022 年 11 月 8 日，国务院食品安全办发布《国务院食品安全办关于命名国家食品安全示范城市的通知》，按照《国家食品安全示范城市评价与管理办法》，经城市自评、省级初评、国家验收和社会公示，并报请国务院食品安全委员会批准，命名了 29 个城市（区）为"国家食品安全示范城市"。河北省石家庄市、唐山市和张家口市经过各个程序的审评，成为"国家食品安全示范城市"。

综上所述，强化和落实"两个责任"，即强化和落实食品生产经营者食品安全主体责任、地方政府食品安全属地管理责任，提升全链条食品安全工作水平，保障人民群众身体健康和生命安全，是食品安全管理中的重要工作。

二　建立和不断完善食品安全十大保障体系

强化监管和风险多发仍将在一个时期内并存，食品安全的治理不仅是一项责任重大且十分紧迫的任务，还是一项需要长期努力、扎实推进的艰巨工作。食品安全涉及多部门、多层面、多环节，虽然短期内针对存在的突出问题，可以通过对我国食品安全监管的演进历史考察，以一两个方面、一两个环节或一两个保障体系予以缓解或暂时解决，但长期性、根本性问题的解决需要根据系统的思想进行管理和综合治理。食品安全保障体系是由多个子系统构成的复杂的系统，即使已经完成了顶层设计，仍需要花大力气建立和不断完善相应的保障体系，持续提升食品安全监管的综合能力、综合效率和综合效能。在建立和不断完善食品安全保障体系的过程中，应坚持大胆探索、先行先试，坚持敢为天下先，坚决破除不合时宜的思想观念、"条条框框"和利益壁垒，根据实际情况和特点，推动各领域改革开放前沿政策措施和具有前瞻性的创新试点示范项目落地。

在当前和今后一个时期，我国在建立健全食品安全保障体系的过程中，根据管理目标，重点建立和不断完善食品安全的监管体系、立法执法体系、风险管理体系、检验检测体系、信用体系、应急管控处置体系、舆情监测与

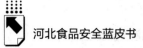

应对体系、科技支撑体系、培训和宣教体系、社会共治体系十大保障体系，促进食品安全保障能力和食品安全水平的全面提高。

（一）食品安全监管体系

无论是中国还是世界其他国家和地区，在食品安全监管领域都会遇到不同部门之间的法律冲突、不同地域之间的管辖冲突问题。从全球范围观察，食品安全企业责任与食品安全监管责任在环节化与地域化的监管中断裂是一种普遍存在的现象，正因如此，世界卫生组织（WHO）和世界粮农组织（FAO）在《保证食品安全和质量：加强国家食品控制体系导则》中对这种"碎片化"现象作了如下阐述："控制食品的责任在大多数国家被不同的部门和机构分担。这些部门和机构的作用和责任是不同的，但管理活动的重复、支离破碎的监管以及缺乏协调普遍存在。"

随着社会的发展，往往会出现发生在某一地域或某一环节的食品安全问题迅速波及其他地域或其他环节，使得食品安全危害出现乘数效应的情况。据新华网报道，国家邮政局监测数据显示，截至 2024 年 8 月 13 日，我国快递业务量已突破 1100 亿件，这意味着全国人均收到快递 71.43 件，每一秒钟有 5144 件快递、每一天有 4.4 亿件快递在全国流动。在现代流通体系日益发达的今天，食品安全危害乘数效应带来更高的风险。例如，2006 年违法使用苏丹红导致的"红心鸭蛋事件"中，只有四五个员工、两三间简陋的平房以及一台破旧不堪的机器的广州增城正果镇广州田洋食品有限公司，从 2002 年起，一直向其产品"辣椒红 I 号"（用于生产辣椒油、辣椒粉等产品的复合食品添加剂）中非法添加以"苏丹红 I 号"为主要成分的工业染料"油溶黄"和"油溶红"，并向全国 18 个省（区、市）的 30 多家企业经销其产品，其中甚至不乏肯德基这样的巨头企业。可以看出，一个发生在广东省一个小镇上的生产环节中的违法行为，正是通过现代流通系统，演变为一个波及全国的危害生产、加工、消费等多个环节的违法行为，迫使当时的质检、工商、卫生等多个部门在全国范围内展开轰轰烈烈的查处活动，付出了巨大的行政和社会成本。再例如，2008 年的"三聚氰胺事件"更是一起影响波及全国，甚至使国家启动了 1 级重大响应的食品安全重大事件，这一事件使我国奶制品制造业遭遇了信誉危机，多个国家禁止了中国乳制品进口，对我国声誉产生了极大的影响，更成为我国食品安全历史上挥之不去的痛。

我国经过几轮机构改革后，提高了食品安全监管的集中度和效率，但客观上仍然存在不同部门对不同环节或板块的监管，也难以避免地出现衔接中的冲突、效率和效能的下降。例如，农产品的管理、标准的管理、进出口的管理、快递物流的管理，等等。对于食品安全监管集中到什么程度，存在多种多样的意见和建议，但绝对的集中未必会提高监管的效率和效能。从发达国家的经验和我国食品安全监管的实践考察，建立一个权威有效的指挥协调机制是解决衔接中的冲突和效率效能的下降的问题、提高监管整体效率和效能的有效方法。我国在食品安全监管的实践中，通过建立国务院食品安全办公室指挥和协调相关部门的食品安全监管。

在建立健全河北省权威有效的食品安全指挥协调机制时，可以根据河北省具体情况和需要解决重要的、全局性的问题，在指挥协调机制中重点抓好制定河北省食品安全有关的规定或实施细则，研究确定加强河北省食品安全的重要政策，制定河北省食品安全工作的总体发展规划、计划，确定需要向河北省政府汇报的重大议题，督促规划、计划和有关重大工作落实；协调部门、乡镇间的有关工作，组织风险监测和风险评估、监督抽检抽验，组织重大事故的查处，指导各部门、各单位及全社会支持并参与食品安全宣传、日常监管工作和其他临时交办的工作。

（二）食品安全立法执法体系

一是完善立法。根据国际经验和我国近些年的实践总结，既要制定现行食品安全法律体系强调的以制裁为特征的"强法"，也要制定以强调纲领、政策和原则为特征的"软法"。对此，世界卫生组织和世界粮农组织在《保证食品安全和质量：加强国家食品控制体系导则》中作了经典阐述，传统食品法律一般包括不安全食品的法律概念、从市场上消除不安全食品的执行手段以及如何惩罚责任人等方面的内容，而没有将预防食品安全问题的职权明确授予食品控制机构，结果导致食品安全计划具有针对性和执行性的特征，而在减少食源疾病的风险上不具有预防性和全面性的特点。现代食品安全法律不仅包括最大限度地确保食品安全的法律权力和手段，而且允许政府食品管理部门在食品安全控制体系中规划预防性措施。

综观发达国家的食品安全法治，大多分为两个部分。一部分是针对行政相对人设定的以"假定、处理、制裁"为主要表述模式的"强法"，"强法"具有事后性、部门惩治性的特点。另一部分是针对立法机构和政府部门设定的以"纲领、方针、政策"为主要特征而不直接体现罚则的"软法"，"软法"具有事先性、综合预防性的特点，制定和完善"软法"已成为现代食品安全法治发展的主要方向。"软法"以贯穿"强法"和食品安全行政管理为主要目的。因此，可有针对性地制定河北省标准及实施指南，进一步奠定河北省食品安全基础。

二是强化执法。打击食品领域违法犯罪的执法行为是食品安全监管体系重要的组成部分。严格执法是当前提高我国食品安全保障程度的重要措施。有调查显示，82.4%的人认为应强化食品安全监管和执法力度，从瘦肉精猪肉"过五关斩六将"的案例看出，解决好有法不依、违法不究、执法不严的问题多么重要。近些年来，食品违法犯罪呈现长链条、跨区域案件明显增多，犯罪手法升级、活动愈加隐蔽等新形势、新问题。

进一步加快"食药警察"体制机制方面的改革。由于打击食品犯罪涉及多个部门，行刑衔接上仍有一些不顺畅的地方。同时，公安部门在打击食品药品刑事犯罪方面任务艰巨，侦办食品药品犯罪的专业性较强，在打击力量上也存在不足。长期以来，食品药品监督管理部门属于行政执法部门，公安部门属于刑事执法部门，食品药品监督管理部门主要的处罚手段是警告、罚款、吊销执照等，没有人身强制权、侦查权等，在监管执法过程中，会遇到很多困难，无法非常及时、有效地打击违法犯罪行为。为此，我国从2014年开始建立"食药警察"的探索。"食药警察"是"跨界人士"，即拥有刑事执法权，同时又是专注食品药品领域的专业人员。而

"食药警察"是警察的一种，有侦查、逮捕等刑事执法权。设立"食药警察"可降低食品药品监督管理部门与公安部门的协作成本，加大违法犯罪行为的打击力度。食品药品犯罪侦查局不受行政管辖权的限制，只要有食品药品违法犯罪行为都能管，这能打破多部门分段管理带来的问题，实现"全程管理"，对地方保护主义也有一定的打击力度。河北省可以进一步深化"食药警察"体制机制方面相应的改革和探索，在全国做出表率。

（三）食品安全风险管理体系

传统的食品安全监管是以对不安全食品的立法、清除市场上的不安全食品和负责部门认可项目的实施为基础的。这些传统的做法由于缺乏预防性手段，往往对食品安全现存及可能出现的危险因素不能做出及时而迅速的控制。随着对食品安全问题认识的不断深化和更广泛的国际交流，我国正在建立与国际接轨的理念和方法，其重要内容就是对食品安全的风险进行管控，这一转变对我国食品安全管理具有重要的意义。

河北省正面临新的建设和发展阶段，面临食品消费复合需求显著增长的发展阶段，对食品安全风险实施有效的监管是避免出现食品区域性和系统性危害的重要手段。要在现有基础上，通过体制机制创新，整合资源、畅通渠道。一是提高对食品安全风险、食源性疾病的监测能力和监测水平，可以在全国范围内收集食源性疾病和食品中有毒化学物质、致病菌污染的数据资料；二是进行科学风险评估，及时、迅速地获取来自国家和其他省（区、市）的危险性评价资料，就食源性疾病、食品中有毒化学物质和致病菌的污染以及微生物学危险性评价技术及数据加强有效沟通；三是及时开展风险交流，建立风险交流平台，实现信息共享。力争在不太长的时间内建立起河北省权威、科学、高效的食品安全风险管控体系。

河北省处于京津冀协同发展重要的阶段，要更加重视食品安全的风险交流。风险交流包括管理部门内部的交流和管理部门与社会公众的交流两大部分。多年来，我国的食品安全信息大多是各职能部门自行公布的，但现实中存在不同部门对同一内容公布的信息不一样，甚至同一部门对同一内容的信息公布不一致的情况，因此，尽快建立统一协调的食品安全风险交流机制非常重要。在建立河北省食品安全风险交流机制中要注意以下几个方面。

一是收集基础数据。我国幅员辽阔、人口众多、各地食品安全监管发展水平不均衡，运用高科技的信息技术手段实现对河北省食品安全相关信息的整体监控，有助于协调、解决与河北省相关的食品安全问题。

二是通过食品安全风险交流信息平台实现信息共享，使各部门随时了解河北省当前食品领域的安全形势，也从整体上节约了监管成本，更有利于政府部门及时做出决策，对食品安全问题力争做到早发现、早预防、早整治、早解决，把突发的、潜在的食品安全风险降至最小。

三是收集、归纳、汇总食品安全信息，经过科学的研究分析，由有关部门统一、及时对外发布，引导公众在选择食品时趋利避害，同时避免发布信息矛盾造成的政府威信下降和公众选择困难。

（四）食品安全检验检测体系

在实行从农田到餐桌监管的食品安全保障体系中，检验检测工作应当紧随标准的修订完善。检验检测工作作为食品的种养殖、生产加工过程、运输以及市场销售等环节中内部自我监控和外部监督检查的重要手段，直接影响食品的质量和安全。食品安全要求不断提升，对检验检测技术也提出了更高要求。当前，食品检验检测正在向高技术化、速测化、便携化以及信息共享等方面发展。在河北省建立多主体的食品检验检测机构，加强检测技术储备和人员储备，健全完善食品安全检验检测体系是提高河北省食品安全保障能力的重要举措。"十四五"期间，国家对食品安全检验检测的投入保持了一定程度的增长，河北省可以利用这一契机，以政府投入为杠杆，创新机制，引入智力，积极开展与科研教育机构、企业等的 PPP 合作，多方筹措资金，进一步加大对食品安全检验检测的投入，特别是对快速检测技术的投入，形成技术梯次和储备，尽快建立从田间到餐桌全过程高质量的食品安全检验检测体系，为河北省食品市场准入制度和食品安全监管提供有力的技术支持。

（五）食品安全信用体系

信用已经成为市场主体重要的竞争要素，在当今社会发挥的作用越来越大，作为市场经济的产物，它已成为企业的无形资本。食品安全不仅需要政府的监管，也需要政府在信用体系方面加大建设力度，运用市场规律，把食品企业对社会的食品安全责任真正转化为自觉意识。特别需要指出的是，在食品安全信用体系中，道德约束和法律建设是一对互补关系。道德在食品安全的覆盖领域方面比法律广泛得多，可以弥补法律规范的不足。道德主要通过社会舆论呼唤人的良知、抨击丑恶现象，以群体的力量指引和迫使人们规范自己的行为，真正做到自律。政府应在食品行业大力开展道德教育、进行社会舆论引导，进一步提高食品行业从业人员的道德标准，把对食品行业的道德评判同样纳入食品安全征信范围。

河北省在建立健全食品安全信用体系过程中要注重以下三个方面。一是奠定制度保障。河北省可以充分利用相应的优势，进一步细化《河北省食品安全信用体系管理办法》，为河北省食品安全信用体系提供制度保障。二是健全机制。信用信息获得机制、信用信息管理机制、信用信息使用机制、信用信息发布机制以及企业的申诉机制等均是信用体系应当囊括的内容，而一个完备的食品安全信用体系可以确保整个系统的有序运转，更好地发挥其作用。信用信息获得机制主要规范信息征集渠道和范围，可以包括主管部门的公告和奖惩记录、有关媒体报道以及被评价对象自己的报告等。信用信息管理机制主要有信息分类管理、信息系统维护、信息保存期限等。信用信息使用机制和发布机制主要规范信息使用和发布的范围、主体以及程序等内容。建立企业申诉机制是为了确保信用信息的准确和维护企业的合法权益。三是维护公平的氛围。公平是信用体系的重要基础，越注重营造公平氛围，越能够为信用体系打下坚实的基础。在对食品企业的责任追究以及信用权益保障上，政府相关部门应当一视同仁，奖优惩劣，在政策扶持、权利义务分配上不搞平均主义。信用信息的收集、记录和使用单位应当遵循公正、规范的原则，客观中立。要避免在信用体系建立过程中发生食品企业间"以大欺小"、相互贬损的事件。

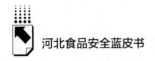

（六）食品安全应急管控处置体系

建立高效联动智能的新型城市综合防灾减灾救灾体系，完善重大安全风险联防联控、监测预警和应急管控处置机制。目前，我国对食品安全的应急处理体系不断完善。从现实来看，一旦发生食品安全事故，往往是监管部门事后仓促应对，相关部门匆匆召开联席会议，确定彼此的职责、工作分工和工作步骤等问题，重点解决这种以事后为主的应急处理方式。现实中可以看到，仅仅依靠"应急预案"已经难以及时防控原因日趋复杂的食品安全事故，也不能满足公众对政府高效处理这类事故的期望，更可能发生部门之间的互相推诿以及信息沟通的迟缓与不力。因此，建立并不断完善食品安全应急处理机制，不仅有助于上述问题的解决，还可以加强食品安全执法部门的队伍建设。

食品安全的应急管理过程大多分为事故发生前、事故发生中和事故发生后三个阶段，在每一个阶段都需要建立相应的应急管理机制。应急管理机制的建立应当围绕应急信息收集、监测预警、应急预防准备、应急演习、危害溯源、应急处置（损害控制处理）及事后恢复等环节进行。因此，需要建立应急计划系统、应急训练系统、应急感应系统、应急指挥中心（包括决策者与智囊、应急处理小组和应急处理专家）、应急监测系统和应急资源管理系统。近年来，多地出台了食品安全重大事故应急预案。不可否认，应急预案在及时控制、减轻和消除食品突发事故的危害，保障人民群众的生命安全和身体健康方面能够发挥一定的积极作用。但是，食品安全应急预案不同于食品安全应急处理机制，主要区别包括："预案"应对事后，"机制"管理事前、事中以及事后，成一系统；"预案"具有可变性，"机制"具有长期性和稳定性；"预案"以事先沟通为保障，"机制"以制度建设为保障；"预案"强调分工和职能，"机制"强调协作和职责；"预案"可以各部门、区、县、乡做法不一，"机制"则应全省统一，便于上令下达、下情上报。建议在各地现有应急预案的基础上，逐步总结国内外相关经验，在河北省形成较为完善系统的食品安全应急处理机制，在全省统一执行。

（七）食品安全舆情监测与应对体系

近年来，各级政府面临的公共舆情事件呈现数量级增长，很多企业和地方政府深受困扰。食品安全是各级政府面临的各种综合性公共舆情的缩影，如何更好地预知、判断和处理好食品安全舆情事件，是一个非常重要的课题，而且积极、合理地处理好食品安全舆情，同样有利于管理好其他各种舆情。

近年来，媒体的形式和运行特点发生了巅覆性变化，主要表现在以下三个方面。第一，媒体去中心化。主流媒体已经成为经典媒体，网络媒体退身为传统媒体，自媒体已经在传播路径中成功扮演起重要角色，融媒体成为新的媒体生态常态。第二，媒体内容更难分辨优劣真伪。传统主流媒体与自媒体最大的区别是其有内容的生产流程和最终"把关人"。虽然其时效和锐度往往受到制约，但因为从业人员受到基本新闻训练，对内容生产过程层层把关签审，故新闻产品有基本底线和天然可信度。自媒体却正好相反，人人都是媒体人，内容生产自由发挥，往往受到情绪等非理性因素影响，故内容优劣杂陈，而且一哄而上，一哄而散。第三，主流媒体开始受到自媒体影响。传统重大事件的媒体传播模式是主流媒体最先引出新闻话题，然后在各种自媒体平台蔓延发酵，最终酝酿成现象级新闻事件。但近年来发生的新的变化是，自媒体正在越来越多地成为话题的制造者和引领者，具体表现在传统媒体在新闻素材获取上正越来越多地受到自媒体的影响。

中国社会科学院食品药品产业发展与监管研究中心"中国食品行业舆情与品牌传播研究课题组"对 2023 年食品领域舆情的跟踪监测和研究显示，在 1.6 亿条信息中，有大量规律线和关键信息，可以为摸准食品安全舆情"脉搏"、建立有效的食品安全舆情监测与应对体系提供全面系统的理论基础。

河北省在建立食品安全舆情监测与应对体系中，一是导入先进的舆情监测系统与科学的舆情网格设置，让大数据力量既充分覆盖食品安全领域，又重点覆盖重点领域。二是持续进行食品产业研究，包括全国性食品产业规律、食品安全趋势、河北省食品安全区域特征及河北省食品消费等，科学分析并锁定河北省食品安全舆情的危害来源、危害强度、危害方式、危害愈后，并有针对性地进行关键点控制，通过持续性、比对性、积累性研究，形成科学的食品安全信息预感。三是建设科学的舆情管理系统，舆情管理是一项系统工程，由于食品安全事关人民生命健康权，舆情管理系统的建设要兼顾全局和局部、预防和处置、监管和自律等各种要素，既充分发挥管理效应，又充分调动各方力量共治共享。四是建立健全舆情应对管理和运行机制，及时、科学、有效地应对好舆情。五是建立起长效学习机制、长效交流机制，跟踪最新的食品安全变化、最新的舆情状况、最新的舆情管理体系，不断提升舆情管理水平。

（八）食品安全科技支撑体系

传统的食品安全管理重视体制、机制、法规等要素，但随着科学技术的发展，科学技术在食品安全管理中的地位日益凸显，发挥着不可替代的作用，成为食品安全管理中不可或缺的核心要素。特别是互联网、物联网、人工智能等技术的发展，正在改变思维方式、生产方式和生活方式，深刻影响着社会发展。科学技术是"双刃剑"，一方面，近些年一些不法分子用高技术的方式制造假冒伪劣食品，另一方面有更多的不确定性原料、工艺等被用于食品加工，使食品呈现多样性、复杂性和时代性相互交织的特点。破解这些问题的核心手段是科学技术。科技发展与进步对于提升食品安全管理能力、保障食品安全发挥着日益重要的支撑作用。充分运用科技手段对食品进行全方位、多角度的立体监控，可实现食品安全的即时监控，例如，采用4G或5G无线传输的温度监测仪，对需进行温度控制的冷库、冷藏车辆、凉菜间等场所和高风险食品的温度进行实时监控；"远程视频监控系统"采用高性能移动视频监控探头，通过无线路由和4G或5G等无线信息传输技术，将视频监控信息数据传输到监控终端视频。监管人员可通过网络访问服务器，实现远程跟踪监测，察看被监控场所的实时操作情况、从业人员的行为规范等。利用物联网与区块链技术，不仅可以实现同步管理、数据分享，保证信息的安全性，也为危害的分析与溯源提供了技术支撑。逐步建立健全河北省食品安全科技支撑体系，提升监管的效率和效能，为河北省食品安全保障奠定扎实可靠的基础。

（九）食品安全培训和宣教体系

在食品安全保障体系建设中，宣传教育体系的作用不能小觑。宣传教育工作是在全社会营造食品安全氛围的基础，应当突出主题、注重实效，以提高食品生产经营者的意识和能力，提高人民群众对食品安全科学知识的认识水平。河北省在建立健全食品安全宣传教育体系中可开展以下工作。一是制定相关政策鼓励不同主体进行食品安全培训工作，使食品安全培训与宣教工作制度化、法治化。二是实施专门向社会提供食品安全业务知识的培训，培训对象为广大食品产业从业人员，培训内容包括相关食品法律法规、各项规范的生产技能以及食品基础知识等，培训后经考试合格方能在河北省从事与食品有关的生产经营活动。业余教育机构所需部分经费可由政府补贴。三是对公众进行食品科普教育。不仅要注重宣传食品安全，也要注重宣传食品安全的科学常识。教育公众掌握简单的食品质量识别方法、食品营养知识和正确的食品加工烹调方法等。四是开展形式多样的食品安全宣教活动。坚持通过固定的媒体向公众定时发布食品安全信息；扶持食品安全法制建设类电视节目和报刊专栏，加强舆论监督和宣传；开展"河北省食品安全宣传周"，利用广播、电视、网络等媒体宣传食品安全法律知识、介绍食品安全典型案例、曝光不合格食品及其生产经营厂家；把食品安全常识列入中小学生的教育课时，开展食品安全教育，引导学生不买街头无证照商贩出售的各类食品；等等。

（十）食品安全社会共治体系

食品安全治理首先是政府的责任，但同时也是各利益相关方的责任。对国内外食品安全治理的研究和实践显示，各利益相关方的主动参与有助于降低和及时化解食品安全风险，有助于食品安全水平的提升。《中国人民共和国食品安全法》明确"社会共治"是我国食品安全治理的四项基本原则之一。

河北省在建立健全食品安全社会共治体系中进行了很多有益的探索，取得了明显的成效。例如，《河北省食品药品安全监管"十四五"规划》中要求持续开展食品安全"你点我检""你送我检"活动。2023年1月至2024年7月，在食品安全"你点我检"活动中，合计对31类食品抽检1837批次，共发现6批次不合格食品，不合格率为0.33%。"你送我检"活动调动了多方社会力量特别是消费者参与食品安全治理的积极性和主动性，既是食品安全社会共治的具体抓手，也是食品安全社会共治的具体体现和成果。

在进一步推进食品安全社会共治体系建设中，需要将更多的利益相关者纳入其中。

一是将食品生产经营者纳入食品安全社会共治体系。要使食品生产经营者树立"食品安全首先是产出来的"认识。政府可以将行业组织作为抓手，使各类食品行业组织肩负起践行食品安全的社会责任。食品行业组织在食品安全建设中要做好对成员的食品安全教育、树立行业荣誉感；组织成员进行业务培训，使其正确掌握确保食品安全质量的科学方法；树立先进、批评落后，促使成员不断提高食品安全工作水平；保持与政府部门的联系，提供业内信息数据、获得最新政策；应对行业内食品安全突发事件，加强与政府的沟通、消除不良影响、妥善处理善后工作；与其他组织进行有关食品安全的经验交流与合作。

二是鼓励科研教育机构积极主动地参与食品安全治理。要发挥科研教育机构在食品安全方面的专业特长，推动食品安全工作的不断深入和完善。科研教育机构可以进行食品安全的基础研究，比如根据食品工业发展趋势，研究探讨各类食品安全加工的新方法、新工艺、新配方；进行相关数据汇总和分析，把食品安全工作经验和存在的不足上升到理论高度；承接政府部门或企业委托的食品安全研究，为政府食品安全工作的决策提供专业的意见和建议；与国内外科研机构联合开展与食品安全有关的各项交流活动；开展食品安全知识科普教育等。

三是推动基层组织参与食品安全治理。街道和居委会直接面对基层和终端市场，可以组织志愿者参加培训后进行市场巡查，及时发现问题，及时纠正食品经营者的不当或违法行为，及时报告监管部门，真正实现食品安全的网格化管理。

四是通过培育消费者的风险意识，引导消费者科学理性消费，通过消费者"用脚投票"和"用手中的货币投票"，更好地发挥市场机制择优汰劣的作用，净化食品消费市场。

结合我国食品安全形势和治理经验，提升我国食品安全监管能力和食品安全保障水平，防范区域性、系统性的食品安全风险，进一步建立健全和不断完善食品安全十大保障体系就显得十分重要。在建立和不断完善食品安全十大保障体系过程中，要特别重视以下几个方面。

一是以科学先进的理念为引领。以人为本、风险管理、预防为主、全过程管理、食品生产经营者是食品安全第一责任人、社会共治等是食品安全管理的重要理念，我国正在这些理念引领下对食品安全实施监管。

二是抓好硬件基础工作。硬件基础设施是食品安全的重要基础，需要对当前和未来食品需求的数量和结构、食品供给的主要来源和分布等进行分析，总体规划实验室、仓储与冷链、中央厨房、餐厨垃圾处理等硬件的基础建设。

三是严抓大型活动食品安全保障，严控集体供餐用餐风险。群体性食品安全事件影响大、危害大、传播广、不良影响消除难，必须高度重视。要建立有效的机制和采取有效的手段，确保大型活动和集体供餐用餐的食品安全。

四是加强监管队伍建设。监管队伍是食品安全管理的核心力量，没有政治素质高、专业技术过硬的监管队伍是无法保障食品安全的。要通过人才引进、专业培训、上岗资质审查、建立专家库等多种方式，不断提升监管队伍的专业能力，切实胜任食品安全监管的重任。

五是充分重视食品安全应急工作。应急工作最大的特点是"养兵千日，

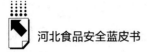

用在一时"，要提升应急意识和能力，当食品安全事件突发时，坚决避免小错铸成大错，小事件演变成大事件。

三　进一步压实企业主体责任

对于"谁应该承担食品安全主体责任"的认识有一个演进过程，大致脉络是"政府应该承担主体责任→政府和企业共同承担主体责任→企业承担主体责任"，在理论研究和大量实证经验总结的基础上，最终形成了"企业承担食品安全主体责任"的共识。这个共识是基于食品产生的全过程以及食品安全风险的具体管控的。

（一）企业是食品安全第一责任人

食品从生产到消费是一个从田间到餐桌的过程，主要包括种植养殖、生产加工、储运销售、餐饮食用四个主要环节，这四个环节会产生相应的风险。历年国家食品安全监督抽检显示，农药残留超标、微生物污染、超范围超限量使用食品添加剂、有机物污染、兽药残留超标、重金属污染和质量指标不达标等是质量安全不合格的主要原因，这些问题绝大多数与生产经营过程中的主观管理有关。例如，虽然多次对违法违规使用添加剂进行治理，但超范围超限量使用食品添加剂问题仍然在历年国家食品安全监督抽检不合格项目中上榜，"十三五"以来，超范围超限量使用食品添加剂问题始终居高不下，2016~2023 年的 8 年期间，仅 2022 年在不合格项目中居第 4 位且占比低于 10%，其他 7 年都居前 3 位，最高时期的占比达到约 1/3（见表 2）。

表 2　"十三五"以来超范围超限量使用食品添加剂抽检情况

单位：%

项目	2016 年	2017 年	2018 年	2019 年	2020 年	2021 年	2022 年	2023 年
在不合格项目中的排名	1	2	1	3	3	3	4	3
在不合格项目中的占比	33.60	23.90	29.60	19.9	16.17	12.24	9.65	13.08

注：2018 年为第四季度抽检数据，2019 年为下半年抽检数据。

企业是食品安全第一责任人。大量的数据和实证研究显示,绝大多数食品安全问题是在生产经营过程中出现和形成的,例如,超范围超限量使用食品添加剂的主体是生产经营企业,根源是生产经营企业,相应的,对超范围超限量使用食品添加剂风险的管控既是监管的重点,更是食品生产经营企业管理的重点。针对食品安全问题产生的主要根源,需要进一步压实企业主体责任,倒逼食品生产经营企业履行保证食品安全的责任和义务。

习近平总书记强调,要落实企业主体责任,引导企业守法生产,明确生产经营者是食品安全第一责任人。明确回答一些食品生产经营者"为什么是我"的疑问,并认识和剖析这个疑问,有助于加强企业对"食品生产经营者承担食品安全主体责任"的认识,增强主体的责任意识,主动落实好主体责任。但仅有"食品生产经营者承担食品安全主体责任"的认识还是不够的,基于监管对食品安全的绝对性和零容忍要求,还需要通过具体的体制机制使企业食品安全的主体责任落到实处。

如前所述,食品安全不仅是党和政府始终高度重视的重大问题,也是全社会关注的重大社会热点问题。中国社会科学院食品药品产业发展与监管研究中心"中国食品行业舆情与品牌传播研究课题组"对 2023 年食品领域的舆情跟踪监测和分析显示,涉及食品企业生产经营活动的 12 个监测点位(如食品加工、"四个最严"、主体责任、食品科技、食品添加剂,等等)的信息数量共有 3443.5 万条,占 50 个监测点位信息数量的 21.5%,超过 1/5,显示出对食品企业行为的关注程度。

近年来,在各方共同努力下,食品生产经营企业的主体责任意识、法律意识明显提升,食品产业获得长足发展。但同时仍存在企业未依法配备食品安全管理人员以及职责任务不清晰、安全管控不到位等情况,导致主体责任落实不到位。针对这些问题,应推动企业进一步建立健全食品安全责任制,配齐配强食品安全管理人员,完善食品安全主体责任体系,确保出了问题后找得到人、查得清事、落得了责,及时防范化解风险隐患,推动真正落实企业主体责任,守住食品安全底线。

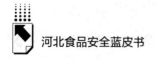

（二）压实企业主体责任，打造河北省食品安全新高地

国家市场监督管理总局依据《中华人民共和国食品安全法》及其实施条例等法律法规有关要求制定并出台了《企业落实食品安全主体责任监督管理规定》（以下简称《规定》）。《规定》要求食品生产经营者应当依照法律法规和食品安全标准从事生产经营活动，建立健全食品安全管理制度，采取有效措施预防和控制食品安全风险，保证食品安全。

《规定》制定的主要原则是抓住企业关键少数，确保责任落实到位。主要是明确企业主要负责人、食品安全总监、食品安全员等关键岗位人员职责，通过建立健全日、周、月常态化工作机制，压实每个人的责任，形成食品安全统一负责、分层落实的责任体系，确保实现企业末端发力、市场终端见效的良好效果。《规定》对食品生产经营企业落实食品安全主体责任作出相应的体制机制安排，主要包括以下五个方面内容：一是明确了制定目的、适用范围、总体要求、责任体系、设置原则等总体要求；二是明确细化了食品安全总监、食品安全员等食品安全管理人员的任职要求和具体职责任务等；三是明确了日管控、周排查、月调度等食品安全总监、食品安全员日常履职的工作机制和具体要求；四是明确了企业和食品安全管理人员在履行责任方面的具体措施和培训、考核等方面的管理要求；五是明确了违法情形及处罚到人等相关法律责任。

为落实《规定》，规范对食品生产经营企业食品安全管理人员监督抽查考核工作，依据《中华人民共和国食品安全法》及其实施条例相关规定，2024 年 1 月 30 日，国家市场监督管理总局发布《企业食品安全管理人员监督抽查考核指南》《企业食品安全管理人员监督抽查考核大纲》，规定对食品生产经营企业主要负责人、食品安全总监、食品安全员等食品安全管理人员实施监督抽考。企业食品安全管理人员监督抽查考核内容为食品安全管理基础知识和食品安全管理基本能力，主要包括：食品安全法律、法规、规章、规范性文件；食品安全标准知识；食品安全专业技术知识；依据岗位职责建立和执行食品安全管理制度，落实风险防控措施的能力；其他履行食品安全管理责任的能力。

2022 年 9 月 22 日《规定》出台后，河北省市场监督管理局高度重视，并在《规定》公布的当天就发布到河北省市场监督管理局官网上。为落实《规定》对企业食品安全主体责任的具体要求，河北省市场监督管理局积极部署，截至 2022 年 11 月 10 日，石家庄市惠康食品有限公司等 171 家大中型食品生产企业食品安全总监落实到人并予以公布。

为督促河北省食品"三小"等其他食品生产经营者落实食品安全主体责任，河北省市场监督管理局于 2023 年 9 月 28 日发布了《关于〈河北省食品"三小"等其他食品生产经营者落实食品安全主体责任监督管理办法（征求意见稿）〉公开征求意见的通告》。2023 年 11 月 17 日，河北省市场监督管理局发布《关于印发〈河北省其他食品生产经营者落实食品安全主体责任指南〉的通知》，对取得食品经营许可或备案的个体工商户、食品小作坊、小餐饮、食品小摊点等落实食品安全主体责任进行规范。该指南自发布之日起施行。

为进一步规范河北省网络订餐服务经营行为，督促网络餐饮服务第三方平台提供者和入网餐饮服务提供者依法严格落实食品安全主体责任，依据《中华人民共和国食品安全法》及其实施条例、《企业落实食品安全主体责任监督管理规定》等法律法规及相关标准要求，河北省市场监督管理局制定了《河北省网络餐饮服务第三方平台提供者食品安全主体责任清单》《河北省入网餐饮服务提供者食品安全主体责任清单》，并于 2023 年 6 月 13 日发布。这两个责任清单对网络餐饮服务第三方平台规定了 13 个方面 30 项食品安全主体责任，对入网餐饮服务提供者规定了 12 个方面 55 项食品安全主体责任。

近年来，河北省进一步压实企业主体责任，针对食品生产加工企业、"三小"等其他食品生产经营者、网络餐饮服务第三方平台和入网餐饮服务提供者等不同主体依法严格落实食品安全主体责任，努力打造河北省食品安全新高地。

无论是从国际经验还是从我国食品安全的实践看，预防为主、全过程管理、风险管理和社会共治等基本原则不仅是食品安全管理的指导思想和重要原则，更是食品生产经营企业和监管部门必须遵循的理念。建立健全企业食品安全责任体系，强化并压实企业主体责任，对保障食品安全具有重要意义。

B.9
肉及肉制品中致病菌的快速检测技术研究进展

刘晓柳 赵士豪*

摘　要： 食源性疾病对全球卫生构成重大威胁，肉及肉制品作为全球消费量巨大的食品之一，极易受到病原微生物污染，导致食源性疾病暴发。开发灵敏度高、特异性强的肉及肉制品中致病菌的快速、现场化检测技术是预防和识别食品安全问题的重要解决方案。本文就肉及肉制品中致病菌的快速检测技术进行综述，包括基于免疫学的快速检测技术、基于分子生物学的快速检测技术和基于生物传感技术的快速检测方法的原理、应用现状及优缺点。此外，以鸡肉中沙门氏菌的快速检测技术为例，比较了各方法的灵敏度、精确度、时效性等指标。最后，总结了目前快速检测技术在预处理方法的有效性、灵敏度和特异性、标准化与推广等方面面临的问题，并对未来的发展前景做出展望，以期为肉及肉制品中致病菌的快速检测技术的研究和应用提供思路。

关键词： 肉　肉制品　致病菌　快速检测技术

一　绪论

（一）肉及肉制品中微生物污染现状

我国是全球第一大肉类生产与消费国，2022年全国肉类总产量达9000

---

* 刘晓柳，河北经贸大学，研究方向为食品有害微生物控制技术；赵士豪，河北经贸大学，研究方向为肉制品加工技术。

万吨，人均肉类消费量达 52kg。① 作为人类餐桌上的重要食材，肉及肉制品的安全性直接关系广大消费者的身体健康与生命安全。近年来，国家市场监督管理总局及各级市场监督管理局为保障肉制品质量安全做出了大量工作，肉制品质量安全水平持续向好。但一些地区肉制品违法犯罪行为仍时有发生，严重扰乱市场秩序，威胁人民群众身体健康。《市场监管总局关于 2024 年第一季度市场监管部门食品安全监督抽检情况的通告》〔2024 年 第 16 号〕显示，2024 年第一季度，消费量大的五大加工食品中，肉制品抽检不合格率达 0.69%，超越粮食加工品，食用油、油脂及其制品，蛋制品和乳制品，居首位。② 而这一数据在 2023 年为 0.81%。③ 此外，从检出的不合格项目类别看，2024 年第一季度，微生物污染占抽检不合格样品数的 11.75%，相较于 2023 年的 18.81% 有所下降，位次也从第 2 降至第 3，仅次于农药残留超标和超范围超限量使用食品添加剂。

究其原因，肉制品的生产过程复杂，涉及原料采购、加工制作、储存运输等多个环节，任何一个环节的疏忽都可能导致病原微生物污染。此外，肉及肉制品营养丰富、水分活度高，更提高了污染的可能。加强肉制品中病原微生物的监管与控制，对于保障食品安全具有极其重要的意义。

（二）食源性微生物污染的危害

食源性微生物污染的首要危害应归于其作用下的食品腐败。微生物在食物中的生长和繁殖会消耗食物中的营养成分，同时可能产生不良代谢产物，从而影响食物的品质和口感。据统计，全球约 25% 的粮食损失

---

① 张博文、吕秋艳、傅宝静：《北京市某区 2022 年肉及肉制品监测结果分析》，《食品安全导刊》2023 年第 31 期。
② 国家市场监督管理总局食品安全抽检监测司：《市场监管总局关于 2024 年第一季度市场监管部门食品安全监督抽检情况的通告》。
③ 国家市场监督管理总局食品安全抽检监测司：《市场监管总局关于 2023 年市场监管部门食品安全监督抽检情况的通告》〔2024 年第 13 号〕。

是由微生物变质造成的，这给生产者带来了巨大的经济和环境负担。[①] 与肉类腐败相关的主要微生物包括肠杆菌科、假单胞菌、热嗜杆菌和乳杆菌等。[②③] 此外，即使是轻微的微生物污染，也可能导致食物的营养价值降低。[④]

除导致食品腐败外，沙门氏菌、大肠杆菌、金黄色葡萄球菌、单核细胞增生李斯特氏菌、副溶血性弧菌、蜡样芽孢杆菌等引起的食源性疾病危害也不容小觑，已成为生产力损失和公共卫生问题的重要成因。食源性疾病（FBD）是由食物或水摄入引起的，是世界范围内导致疾病和死亡的重要原因，其中大多数是由细菌、毒素、病毒和寄生虫引起的感染。当两个或两个以上的人在摄入来自同一环境的食物或水后感染该疾病时，可出现FBD暴发。[⑤]《中国健康卫生统计年鉴》显示，2017~2021 年，微生物导致的食源性疾病暴发事件 3986 件，是仅次于毒蘑菇的第二大致病因素。此外，由微生物引起的食源性疾病暴发事件相关患病人数最多，患者累计 58629人，占比达 31.64%，沙门氏菌和副溶血性弧菌是主要的致病菌（见表 1）。就肉制品而言，食用致病菌污染的肉制品可导致急性或慢性中毒事件，引发腹痛、腹泻、呕吐、发热等症状，甚至有致癌、致畸、孕妇食用伤及胎儿的风险。

---

① Franz, C. M. A. P. , den Besten, H. M. W. , Böhnlein, C. , et al. , "Microbial Food Safety in the 21st Century: Emerging Challenges and Foodborne Pathogenic Bacteria," *Trends Food Science & Technology* 81 (2018): 155-158.

② Stellato, G. , La Storia, A. , De Filippis, F. , et al. , "Overlap of Spoilage-associated Microbiota between Meat and the Meat Processing Environment in Small-scale and Large-scale Retail Distributions," *Applied and Environmental Microbiology* 82 (2016): 4045-4054.

③ Nisa, M. , Dar, R. A. , Fomda, B. A. , et al. , "Combating Food Spoilage and Pathogenic Microbes Via Bacteriocins: A Natural and Eco-friendly Substitute to Antibiotics," *Food Control* 149 (2023): 109710.

④ Papkovsky, D. B. , Kerry, J. P. , "Oxygen Sensor-based Respirometry and the Landscape of Microbial Testing Methods as Applicable to Food and Beverage Matrices," *Sensors (Basel)* 23 (2023): 4519.

⑤ Pinheiro, M. , Wada, T. , Pereira, C. , "Análise microbiológica de tábuas de manipulação de alimentos de uma instituição de ensino superior em São Carlos, SP," *Revista SimbioLogias* 3 (2010): 115-124.

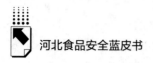

表1 2017~2021年我国微生物导致的食源性疾病暴发情况

指标	年份	微生物	沙门氏菌	副溶血性弧菌	金黄色葡萄球菌及其毒素	蜡样芽孢杆菌	大肠埃希菌
事件数（件）	2017	792	174	263	90	51	30
	2018	816	224	268	93	56	53
	2019	856	212	279	91	46	32
	2020	766	286	128	75	50	58
	2021	756	225	174	62	45	55
事件构成（%）	2017	15.4	3.4	5.1	1.8	1.0	0.6
	2018	12.5	3.4	4.1	1.4	0.9	0.8
	2019	13.4	3.3	4.4	1.4	0.7	0.5
	2020	10.8	4.0	1.8	1.1	0.7	0.8
	2021	13.8	4.1	3.2	1.1	0.8	1.0
患者数（人）	2017	11597	2794	3558	1257	659	461
	2018	12226	3457	4041	991	908	762
	2019	12738	3623	3853	1023	799	537
	2020	10483	3446	1848	954	620	1520
	2021	11585	3192	2634	759	795	1224
患者构成（%）	2017	33.2	8.0	10.2	3.6	1.9	1.3
	2018	29.3	8.3	9.7	2.4	2.2	1.8
	2019	32.8	9.3	9.9	2.6	2.1	1.4
	2020	28.0	9.2	4.9	2.5	1.7	4.1
	2021	35.8	9.9	8.2	2.4	2.5	3.8

资料来源：《中国健康卫生统计年鉴》2018~2022年。

（三）肉制品中常见的致病菌及检测手段

肉制品种类多种多样，其中的致病菌种类和数量也因产品的加工方式和加工环境不同而存在较大差异。Pacini等对369份肉和肉制品样本的细菌学进行分析，分离出单核细胞增生李斯特氏菌47株、沙门氏菌39株、金黄色葡萄球菌12株、小肠结肠炎耶尔森氏菌9株；其中，单核细胞增生李斯特氏菌是牛肉的主要致病菌，而沙门氏菌是猪肉的主要致病菌。[1] 张博文等人采集了北京市某区 2022 年肉及肉制品流通环节及餐饮服务环节的 100 个样本，其中以熏烤、酱卤、油炸为主要加工方式的肉制品中，病原微生物阳性率为 15.73%，检出菌株为单核细胞增生李斯特氏菌，而沙门氏菌主要存在于生禽肉中。[2] 同一时期的许昌市 141 个样品中食源性致病菌污染状况调查显示，沙门氏菌、单核细胞增生李斯特氏菌、致泻大肠埃希菌、金黄色葡萄球菌以及小肠结肠炎耶尔森氏菌的检出率为 24.11%，其中调理肉制品检出率最高，其次为生肉制品和熟肉制品，且部分样品存在多种致病菌共存的情况。[3]

目前，我国涉及肉制品中微生物检测的国家标准主要包括《食品安全国家标准 食品中致病菌限量》（GB 29921-2013）、《食品卫生微生物学检验 肉与肉制品检验》（GB/T 4789.17-2003）；行业标准包括《肉与肉制品中肠出血性大肠杆菌 O157：H7 检验方法》（SBT 10462-2008）、《肉制品中常见致病菌检测 MPCR-DHPLC 法》（SN/T 2563-2010）等。致病菌的限量指标包括菌落总数、大肠菌群、沙门氏菌、致泻大肠埃希氏菌、金黄色葡萄球菌、单核细胞增生李斯特氏菌等。

传统的致病菌检测和鉴定方法主要依赖于特异性微生物学和生化鉴定，涉及微生物培养、鉴定及菌落计数。此方法灵敏度高、成本低，且能够获取被测样品中微生物的定性和定量信息；但缺点也非常突出，主要体现在受到测定时间的极大限制，以及为了检测肉制品中数量较少的致病菌，还需要进行初始预处理和/或富集。此外，复杂的食品背景和筛选样品中细菌的超低浓度给致病菌的快速、灵敏检测带来了很大的挑战。随着科技的发展，致病菌的快速检测技术在肉制品中的应用日益增多，包括免疫分析方法，如酶联

---

① Pacini, R., Malloggi, L., Tozzi, E., et al., "Pathogens Bacteria Isolated from Meat and Meat Products [Tuscany]," *Industrie Alimentari (Italy)* 33 (1994): 945-950.

② 张博文、吕秋艳、傅宝静：《北京市某区 2022 年肉及肉制品监测结果分析》，《食品安全导刊》2023 年第 31 期。

③ 张晓丽、张晓璐、马莹莹：《2019—2022 年许昌市食源性致病菌污染状况调查分析》，《微量元素与健康研究》2024 年第 2 期。

免疫分析方法、免疫层析技术、免疫磁分离技术。基于分子生物学的方法，如基于聚合酶链反应的方法，包括实时 PCR、多重 PCR 和数字 PCR；基于等温扩增的检测方法，包括环介导等温扩增、重组酶聚合酶扩增、重组酶介导的等温核酸扩增的方法。基于生物传感器的分析方法，包括电化学生物传感器（阻抗生物传感器、安培生物传感器）、光学生物传感器、微流控生物传感器等。

二　快速检测技术在肉及肉制品致病菌检测中的应用

（一）基于免疫学的快速检测技术

免疫分析利用抗体对相应抗原的高度特异性识别和结合进行微生物的鉴定，广泛用于各类食品致病菌诊断。

1. 酶联免疫吸附法（Enzyme-linked Immunosorbent Assay，ELISA）

ELISA 技术起源于 1971 年，Engvall 和 Perlmann 发表了关于该技术用于 IgG 定量测定的文章。随后，1977 年，Krysinski 等首次将 ELISA 用于检测动物性食品中的沙门氏菌。[1] 其灵敏度高、检测速度快，一经发现便被广泛用于食品中致病菌的快速检测。目前，针对肉制品中致病菌检测主要采取双抗体夹心 ELISA 法，即致病菌细胞与一对抗体特异性细胞表面标记物结合进而定量，抗体I被吸附在载体表面，用于从样品中捕获目标细胞；随后，酶标记的抗体II与细胞-抗体I复合体结合，产生与细胞数量成比例的信号。Curiale 等人采用 ELISA 检测法兰克福香肠、烤牛肉等食品中单核细胞增生李斯特氏菌和其他李斯特氏菌，证实所得方法与微生物培养法结果的一致率达 85.6%。[2] Flint 和

---

① 白梦凡：《基于纳米抗体磁富集的肠炎沙门氏菌免疫分析方法研究》，硕士学位论文，西北农林科技大学，2022。

② Curiale, M. S., Lepper, W., Robison, B., "Enzyme-linked Immunoassay for Detection of *Listeria Monocytogenes* in Dairy Products, Seafoods, and Meats：Collaborative Study," *Journal of AOAC International* 77 （1994）：1472.

Hartley 等采用 ELISA 法对肉类、鱼类产品中鼠伤寒沙门菌进行检测，检测限达到与美国食品药品监督管理局（FDA）法同等的 0.4 CFU/g，但 ELISA 法的检测时间为 24 小时，较 FDA 法缩短了 72 小时。[1] 另外，ELISA 在肉制品中小肠结肠炎耶尔森菌 O：8[2]、荧光假单胞菌[3]等的检测中亦有应用。

然而，ELISA 检测过程易受多种因素干扰，包括样品基质成分、pH、离子、盐、温度等。[4] 此外，该测试不能区分活细胞和非活细胞。因此，现今的检测技术多在经典 ELISA 的基础上有所改进，如与滤纸结合的免疫层析、与荧光标记结合的免疫荧光技术、改进捕获方法的免疫磁分离－ELISA 技术等。

2. 免疫层析法（Immunochromatography Assay，ICA）

免疫层析法是一种结合免疫技术和色谱层析技术的分析方法。其检测原理是以条状纤维层析材料为固定相，以样品溶液为流动相，样品通过毛细管作用沿着纤维膜向前移动，在 T 线处抗原抗体特异性结合形成免疫复合物，并可以通过肉眼观察到显色结果。[5] 在所有的免疫学方法中，免疫层析法是最简单、最快速的方法，可在 15 分钟内检测出样品中的致病菌。以纸基免疫层析法（P-ELISA）为例，可将人工污染的牛肉样品中大肠杆菌 O157：H7 的检测时间缩短到 3 小时以内，所需最小样品量仅为 5 μL，检

---

① Flint, S. H., Hartley, N. J., "Evaluation of the TECRA Immunocapture ELISA for the Detection of *Salmonella Typhimurium* in Foods," *Letters in Applied Microbiology* 17（1993）：4-6.

② Zeng, L., Xu, X., Ding, H., et al., "A Gold Nanoparticle Based Colorimetric Sensor for the Rapid Detection of *Yersinia Enterocolitica Serotype* O：8 in Food Samples," *Journal of Materials Chemistry B* 10（2022）：909-914.

③ Eriksson, P. V., di Paola, G. N., Pasetti, M. F., et al., "Inhibition Enzyme - linked Immunosorbent Assay for Detection of *Pseudomonas Fluorescens* on Meat Surfaces," *Applied and Environmental Microbiology* 61（1995）：397-398.

④ Xiao, X., Hu, S., Lai, X., et al., "Developmental Trend of Immunoassays for Monitoring Hazards in Food Samples：A Review," *Trends in Food Science & Technology* 111（2021）：68-88.

⑤ 白梦凡：《基于纳米抗体磁富集的肠炎沙门氏菌免疫分析方法研究》，硕士学位论文，西北农林科技大学，2022。

测限达 10^4 CFU/mL，且成本低廉。[①] 胶体金免疫层析法（Colloidal Gold Immunochromatography Assay，GICA）也是免疫层析法中的佼佼者，以粒径 13 nm 左右的胶体金聚集后呈现红色的原理为基础，实现信号的放大和可视化。Zang 等人建立了猪肉产品中空肠弧菌的 GICA 检测方法，检测时间仅需 10 分钟，而准确率达 93%。[②]

3. 免疫磁分离技术（Immunomagnetic Separation Method，IMS）

大量研究表明，各种样品前处理技术可以进一步提高检测限，其中 IMS 是一种有效的方法，可以根据珠粒表面的特异性抗体快速富集和分离食品中的病原体。该方法删除了离心和过滤等耗时的步骤，可有效缩短检测时间，同时可以保留样品原有的生物活性，为后续的检测和应用提供依据。IMS 作为一种预处理方法，可以与多种检测技术相结合，用于肉制品中致病菌的检测。Li 等人将荧光免疫层析法（FICA）与 IMS 相结合，对香肠和猪肉中的单核细胞增生李斯特氏菌进行分离和富集，与 FICA 技术单独使用相比，消除了食品基质和其他细菌的干扰，丰富了单核细胞增生李斯特氏菌浓度，检测限提高了 40 倍，达到 1×10^4 CFU/mL。此外，该技术可有效区分目的菌株和猪流感李斯特氏菌、威氏李斯特氏菌、鼠伤寒沙门菌、大肠杆菌 O157：H7、副溶血性弧菌、苏云金芽孢杆菌等常见病原菌，特异性高；整个检测时间仅需 3 小时，显著快于国标方法的 5 天。[③] 白梦凡制备了基于纳米抗体的 IMS-ELISA 技术，可检出鸡肉中初始接种量少于 10 CFU/mL 的肠炎沙门氏菌，较未富集方法检测灵敏度提高了约 3 倍，预培养时间缩短了 2 小时。[④] 然

① Zhao, Y., Zeng, D., Yan, C., et al., "Rapid and Accurate Detection of *Escherichia Coli* O157：H7 in Beef Using Microfluidic Wax-printed Paper-based ELISA," *Analyst* 145（2020）：3106-3115.

② Zang, X., Kong, K., Tang, H., et al., "A GICA Strip for *Campylobacter jejuni* Real-time Monitoring at Meat Production Site," *LWT-Food Science and Technology* 98（2018）：500-505.

③ Li, Q., Zhang, S., Cai, Y., et al., "Rapid Detection of *Listeria Monocytogenes* Using Fluorescence Immunochromatographic Assay Combined with Immunomagnetic Separation Technique," *International Journal of Food Science & Technology* 52（2017）：1559-1566.

④ 白梦凡：《基于纳米抗体磁富集的肠炎沙门氏菌免疫分析方法研究》，硕士学位论文，西北农林科技大学，2022。

而，核心的识别元件（抗体）存在不易保存、不稳定的缺陷，成本高也是免疫分析法致命的缺陷。

（二）基于分子生物学的快速检测技术

分子生物学方法是以特异性核酸序列为基础对食源性致病菌进行检测的方法，其重点关注蛋白质/抗原标记或目标病原体的 DNA/RNA，为传统的微生物学方法提供了替代和补充技术。该方法虽然需要具有更高水平实验室专业知识的专业人员，但特异性高、可以选择性地检测复杂混合物中的特定细菌种类和菌株。[1] 当然，基于分子生物学的检测方法一般需要"富集"步骤，以将目标微生物的数量增加到可检测的水平，增加了前处理的难度和时间成本。

1. 基于聚合酶链式反应（Polymerase Chain Reaction，PCR）的检测技术

PCR 是一种体外酶促方法，可在几小时内将特定 DNA 序列扩增数百万倍，理论上可大大减少对"富集"步骤的依赖，可用于扩增特定于细菌分类群的基因[2]或检测与食源性细菌毒力有关的基因[3]。然而，基于分子生物学技术的致病菌检测技术不能区分活的病原体和死的病原体，因为活的和死的致病菌细胞都可以释放 DNA[4]。

近年来，改良的 PCR 方法，如可连续、定量监测致病菌的实时荧光定量 PCR（quantitative real-time PCR，qPCR）以及可同时检测多种致病菌的多重 PCR（multiplex PCR，mPCR）方法进一步提高了检测的灵敏度、效率和

① Balaga, K. B., Pavon, R., Calayag, A., et al., "Development of a Closed-tube, Calcein-based Loop-Mediated Isothermal Amplification Assay to Detect *Salmonella* spp. in Raw Meat Samples," *Journal of Microbiological Methods* 220 (2024): 106922.

② Gokulakrishnan, P., Vergis, J., "Molecular Methods for Microbiological Quality Control of Meat and Meat Products: A Review," *Critical Reviews in Food Science and Nutrition* 55 (2015): 1315-1319.

③ Finlay, B. B., Falkow, S., "Virulence Factors Associated with *Salmonella* Species," *Microbiological Science* 5 (1988): 324-328; Bej, A. K., Mahbubani, M. H., Boyce, M. J., et al., "Detection of *Salmonella* spp. in oysters by PCR," *Applied and Environmental Microbiology* 60 (1994): 368-373.

④ Biswas, A. K., Kondaiah, N., Bheilegaonkar, K. N., et al., "Microbial Profiles of Frozen Trimmings and Silver Sides Prepared at Indian buffalo Meat Packing Plants," *Meat Science* 80 (2008): 418-422.

实用性。[①] 德国默克公司率先开发了食品中致病菌快速检测的 qPCR 试剂盒，以目标菌株 RNA 为模板，逆转录为 cDNA 后再进行扩增，可消除死菌的干扰，适用于沙门氏菌、单核细胞增生李斯特氏菌、大肠杆菌 O157：H7、弯曲杆菌和阪崎克罗诺杆菌的检测。Li 等人采用 mPCR 方法，同时检测出即食腊肠、意大利肠、烤牛肉中初始接种水平低至 0.2 log10 CFU/g 的大肠杆菌 O157：H7、沙门氏菌和志贺氏菌。[②] 范维等人以沙门氏菌 *invA* 基因、金黄色葡萄球菌 *Sa*442 基因和蜡样芽孢杆菌 *Cereolysin AB* 基因为靶基因设计引物和 TaqMan 探针，建立了适用于即食肉制品的多重 qPCR 方法，经富集 5 小时后，三种致病菌的检测限分别达到 3.8 CFU/mL、4.9 CFU/mL 和 5.7 CFU/mL，检测完成仅需 7 小时，远少于国标方法 2~6 天的检测周期。[③]

进一步地，以绝对定量著称的数字 PCR（digital PCR，dPCR）技术成为继常规 PCR、qPCR 之后的第三代 PCR 技术，它对于含有低致病菌浓度和对 PCR 抑制剂表现出更多抗性的样品呈现更准确、敏感和精确的结果，是今后发展的重点，[④] 现已被应用于《中华人民共和国出入境检验检疫行业标准 SN/T 5364.1~8-2021 出口食品中致病菌检测方法》中副溶血性弧菌、霍乱弧菌、溶藻弧菌、创伤弧菌、金黄色葡萄球菌、单核细胞增生李斯特氏菌、产志贺毒素大肠埃希氏菌、克罗诺杆菌属（阪崎肠杆菌）的检测。[⑤]

当然，在食品样品中应用 PCR 技术也存在一定的困难，因为很多食品样本中的 PCR 抑制剂（比如胆盐和吖啶黄素）会造成假阳性或假阴性结果。

---

① 张德福等：《分子生物学技术在食源性致病菌快速检测中的研究进展》，《食品工业科技》2024 年第 13 期。

② Li，Y.，Zhuang，S.，Mustapha，A.，"Application of a Multiplex PCR for the Simultaneous Detection of *Escherichia coli* O157：H7，*Salmonella* and *Shigella* in Raw and Ready-to-eat Meat Products," *Meat Science* 71（2005）：402-406.

③ 范维等：《3 种致病菌多重 real-time PCR 检测方法的建立及其在散装即食肉制品中的应用》，《食品科学》2022 年第 2 期。

④ Öz，Y.Y.，Sönmez，Ö，Karaman，S.，et al.，"Rapid and Sensitive Detection of *Salmonella* spp. in Raw Minced Meat Samples Using Droplet Digital PCR," *European Food Research & Technology* 246（2020）：1895-1907.

⑤ 中华人民共和国海关总署：《出口食品中致病菌检测方微滴式数字 PCR 法》。

针对上述问题，Martin 等人优化了 PCR 前处理方式，有效降低了 qPCR 用于即食肉制品中人工污染的单核细胞增生李斯特氏菌和沙门氏菌的最低检测限和出现假阴性结果的风险。[1]

2. 基于等温扩增（Isothermal Amplification Technology，IAT）的检测技术

等温扩增技术是一种在恒定温度下进行核酸扩增的分子生物学方法，与传统的 PCR 技术相比，可脱离大型实验设备，具有操作简便、反应速度快、灵敏度高、特异性强等优点，主要包括环介导等温扩增（Loop-mediated Isothermal Amplification，LAMP）、重组酶聚合酶扩增（Recombinase Polymerase Amplification，RPA）、重组酶介导的等温核酸扩增（Recombinase-aided Isothermal Amplification，RAA）等。

LAMP 由日本科学家 Notomi 等首次报道于 2000 年[2]，通过对目的菌株的靶基因中 6~8 个区域设计 4~6 条引物，结合链置换 DNA 聚合酶（Bst DNApolymerase）作用，在恒定温度（一般为 60~65℃）下孵育，30~60 分钟即可完成反应，得到长度不一的茎环结构和拥有多个环的花椰菜形状的结构混合物。[3] Ghorashi 等人比较了经典 PCR 方法和 LAMP 方法在检测禽肉中沙门氏菌的效果，LAMP 方法检测的灵敏度分别为微生物培养和 PCR 方法的 80.8%、100%，特异性为 100%、100%，但 LAMP 不需要 PCR 仪，耗时也更短。[4] LAMP 结合横流试纸，可实现结果的可视化。Sridapan 等报道了基于双环介导等温扩增（d-LAMP）和横向流动生物传感器（LFB）检测鸡

---

① Martin, B., Garriga, M., Aymerich, T., "Pre-PCR Treatments as a Key Factor on the Probability of Detection of *Listeria Monocytogenes* and *Salmonella* in Ready-to-eat Meat Products by Real-time PCR," *Food Control* 27 (2012): 163–169.

② Notomi, T., Okayama, H., Masubuchi, H., et al., "Loop-mediated Isothermal Amplification of DNA," *Nucleic Acids Research* 28 (2000): 63.

③ 刘培海等：《环介导等温扩增技术在食源性致病菌检测中的应用》，《中国口岸科学技术》2023 年第 12 期。

④ Ghorashi, M. S., Pant, S. D., Ghorashi, S. A., "Comparison of Colourimetric Loop-mediated Isothermal Amplification (LAMP), PCR and High-resolution Melt Curve Analysis and Culture-based Diagnostic Assays in the Detection of Three *Salmonella Serotypes* in Poultry," *Avian Pathol* 51 (2022): 476–487.

肉样品中弯曲杆菌和沙门氏菌的方法，人工污染鸡肉样品中弯曲杆菌和沙门氏菌的最低接种检测限分别为 10^3 CFU/25 g 和 1 CFU/25 g；富集 24 小时后，d-LAMP-LFB 的灵敏度、特异性和准确性分别为 95.6%、71.4% 和 90.0%。[1] 此外，在肉制品中小肠结肠炎耶尔森氏菌[2]、单核细胞增生李斯特氏菌[3]、金黄色葡萄球菌[4]、产志贺毒素大肠埃希氏菌[5]的检测中亦有报道。LAMP 的技术难点在于引物的设计及筛选，由于 LAMP 扩增的靶标 DNA 序列较短，故对于长序列的靶标基因扩增较难，扩增出来的产物难以回收，且产物不均一。[6]

RPA 于 2006 年由 Piepenburg 等首次提出[7]，被称为"可替代 PCR 的核酸检测技术"。该过程主要依赖于能结合单链核酸的重组酶、单链 DNA 结合蛋白（SSB）和链置换 DNA 聚合酶，反应过程类似于 T4 噬菌体核酸复制，最佳反应温度在 37～42°C，过程时间较 LAMP 更短，仅需 10 分钟左右。[8] RPA 技术与侧流试纸条（Lateral Flow Dipstick，LFD）、荧光标签等联

① Sridapan, T., Tangkawsakul, W., Janvilisri, T., et al., "Rapid and Simultaneous Detection of *Campylobacter* spp. and *Salmonella* spp. in Chicken Samples by Duplex Loop-mediated Isothermal Amplification Coupled with a Lateral Flow Biosensor Assay," *PLoS One* 16 (2021): 0254029.

② Gao, H., Lei, Z., Jia, J., et al., "Application of Loop-mediated Isothermal Amplification for Detection of *Yersinia Enterocolitica* in Pork Meat," *Journal of Microbiological Methods* 77 (2009): 198-201.

③ Fiore, A., Treglia, I., Ciccaglioni G., et al., "Application of a Loop-mediated Isothermal Amplification (lamp) Assay for the Detection of *Listeria Monocytogenes* in Cooked Ham," *Foods* 12 (2023): 193.

④ Priya, G. B., Agrawal, R. K., Milton, A. A. P., et al., "Isothermal Amplification Assay for Visual On-site Detection of *Staphylococcus Aureus* in Chevon," *Food Biotechnology* 35 (2021): 221-236.

⑤ Priya, G. B., Agrawal, R. K., Milton, A., et al., "Rapid and Visual Detection of *Shiga-toxigenic Escherichia coli* (STEC) in Carabeef Meat Harnessing Loop-mediated Isothermal Amplification (LAMP)," *Brazilian Journal of Microbiology* 55 (2024): 1723-1733.

⑥ 王雨：《基于 RPA-LFD 的沙门氏菌和金黄色葡萄球菌可视化快速检测方法研究》，硕士学位论文，吉林大学，2022。

⑦ Piepenburg, O., Williams, C. H., Stemple, D. L., et al., "DNA Detection Using Recombination Proteins," *PLos One* 4 (2006): 204.

⑧ 王帅等：《重组酶聚合酶扩增、重组酶介导等温扩增及酶促重组等温扩增技术在食源性致病菌快速检测中的研究进展》，《食品科学》2023 年第 9 期。

合使用，可提高检测的灵敏性与现场适用性。如利用 RPA-LFD 检测系统可实现猪肉和鲜虾样品中的沙门氏菌和金黄色葡萄球菌的检测限分别达到 15 CFU/mL 和 20 CFU/mL[1]；利用 RPA-SYBR Green Ⅰ 可视化检测方法，对冷藏肉中致病性小肠结肠炎耶氏菌的检测限为 10^1 CFU/μL[2]，对肉沫样品中大肠杆菌 O157∶H7 的检测限为 19 CFU/25 g[3]。提高 RPA 检测技术的特异性是另一个主要研究方向。2017 年，张锋课题组在 *Science* 上发表文章，将 RPA 技术与 CRISPR 技术结合，提供了具有原子摩尔灵敏度和单碱基错配特异性的快速 DNA 或 RNA 检测方法。[4] 随后，Zhang 等人建立了针对加工肉制品中绿脓杆菌的 RPA/CRISPR/Cas12a 检测平台，该方法灵敏度高，荧光法检测限为 10^0CFU/μL，LFTS 法检测限为 10^1CFU/μL，性能与成熟的 qPCR 方法相当[5]；Liu 等人也利用 RPA/CRISPR/Cas12a 检测鸡肉、鸭肉、牛肉中金黄色葡萄球菌、大肠杆菌和单核细胞增生乳杆菌，荧光检测限可达 10 CFU/mL[6]，开启了 RPA 在肉制品中致病菌快速检测应用的新纪元。

　　RAA 技术与 RPA 技术的反应原理相似，主要区别在于 RPA 反应体系中的 DNA 聚合酶和重组酶来源于 T4 噬菌体，而 RAA 反应体系中关键酶来源

① 王雨：《基于 RPA-LFD 的沙门氏菌和金黄色葡萄球菌可视化快速检测方法研究》，硕士学位论文，吉林大学，2022。
② Zheng, Y., Hu, P., Ren, H., et al., "RPA-SYBR Green I Based Instrument-free Visual Detection for Pathogenic *Yersinia Enterocolitica* in Meat," *Analytical Biochemistry* 621 (2021)：114157.
③ Azinheiro, S., Roumani, F., Rodríguez-Lorenzo, L., et al., "Combination of Recombinase Polymerase Amplification with SYBR Green I for Naked-eye, Same-day Detection of *Escherichia coli* O157∶H7 in Ground Meat," *Food Control* 132 (2022)：108494.
④ Gootenberg, J.S., Abudayyeh, O.O., Lee, J.W., et al., "Nucleic Acid Detection with CRISPR-Cas13a/C2c2," *Science* 356 (2017)：438–442.
⑤ Zhang, W., Qu, H., Wu, X., et al., "Rapid, Sensitive, and User-friendly Detection of *Pseudomonas Aeruginosa* Using the RPA/CRISPR/Cas12a System," *BMC Infectious Diseases* 24 (2024)：458.
⑥ Liu, H., Wang, J., Zeng, H., et al., "RPA-Cas12a-FS：A Frontline Nucleic Acid Rapid Detection System for Food Safety Based on CRISPR-Cas12a Combined with Recombinase Polymerase Amplification," *Food Chemistry* 334 (2021)：127608.

于细菌和真菌，活性更高。[1] 现已有多重 RAA 技术用于牛肉干中大肠埃希氏菌 O157：H7、沙门氏菌以及金黄色葡萄球菌同时检测，检测限为 10^0 CFU/mL。[2] RAA 技术与叠氮溴化丙锭/叠氮碘化丙锭（PMAxx）结合，可实现活的致病菌检测，Qi 等人采用此技术检测加标鸡肉中的鼠伤寒沙门菌，检测限为 130 CFU/mL。[3] RAA 技术与 LFD、荧光标签等结合亦可摆脱仪器设备的限制，实现结果的可视化，Zhi 等人建立的 RAA-CRIPSR/Cas12a 检测体系可在 6 分钟内检测到最低检测限低至 92 CFU/mL 的加标鸡肉样品和天然肉类样品（鸡肉、牛肉、羊肉等）中的空肠梭菌。[4] 目前，RPA 技术、RAA 技术在肉及肉制品致病菌快速检测中的应用限制主要体现在：样品成分复杂，易导致假阴性结果；引物设计难度大，难以实现多靶标检测；相较于传统 PCR 技术高成本更高。[5]

（三）基于生物传感技术的快速检测方法

根据国际纯粹与应用化学联合会（IUPAC）提出的定义，生物传感器是一种通过与传感器直接空间接触的生物识别系统提供定量或半定量分析信息的独立的集成装置[6]，具有高灵敏度、低检测限、高特异性、可重复性和鲁棒性等特性。在测量过程中，样品首先与传感器受体表面接触，传感器记录待测物质与受体相互作用过程中发生的物理或物理化学变化，将检测到的

---

① 毛迎雪等：《重组酶介导等温扩增技术（RAA）在病原微生物检测中的应用进展》，《中国动物检疫》2024 年第 1 期。

② 秦爱等：《多重重组酶介导等温扩增技术检测食品中 3 种食源性致病菌》，《食品安全质量检测学报》2024 年第 5 期。

③ Qi, W., Wang, S., Wang, L., et al., "A Portable Viable *Salmonella* Detection Device Based on Microfluidic Chip and Recombinase Aided Amplification," *Chinese Chemical Letters* 34 (2023): 107360.

④ Zhi, S., Shen, J., Li, X., et al., "Development of Recombinase-aided amplification (RAA) -exo-probe and RAA-CRISPR/Cas12a Assays for Rapid Detection of *Campylobacter Jejuni* in Food Samples," *Journal of Agricultural and Food Chemistry* 70 (2022): 9557-9566.

⑤ 秦爱等：《重组酶介导等温核酸扩增技术在食源性致病菌检测中的应用》，《食品安全质量检测学报》2023 年第 10 期。

⑥ Thevenot, D. R., Toth, K., Durst, R. A., et al., "Electrochemical Biosensors: Recommended Definitions and Classification," *Biosens Bioelectron* 16 (2001): 121-131.

信号进行转换、储存和评估。① 其中，生物识别部分和信号转换单元二者共同负责传感器的选择性和灵敏度。

自 20 世纪 60 年代 Clark 和 Lyons 发明了利用固定化葡萄糖氧化酶测定葡萄糖浓度的生物传感器②以来，生物传感器研究在世界范围内蓬勃发展，多种生物识别元件被纳入生物传感器，包括酶、适配体、抗体、核酸、细胞、组织和分子印迹聚合物等，对待测食品中生物标志物具有高度的特异性、灵敏度和足够低的检测限，即使在复杂的食物基质中也能提供足够的分析准确性。③ 此外，生物传感器检测已不仅局限于常见的致病菌如大肠埃希氏菌 O157：H7、沙门氏菌、单核细胞增生李斯特氏菌、产气荚膜梭菌和葡萄球菌，还包括弯曲杆菌、芽孢杆菌和志贺氏菌等。④ 已经实际应用于肉制品中致病菌检测的生物传感器主要包括电化学生物传感器、光学生物传感器等，常与免疫技术、纳米材料、核酸适配体技术和微流体技术等相结合使用，减少预处理步骤、提高检测灵敏度。⑤

1. 电化学生物传感器

电化学生物传感器是一种将生化信号转化为电信号的传感装置，是生物传感器中历史最悠久、应用范围最广的重要分支。通常将生物识别元件（如抗体和适体）固定在电极表面，用于识别并结合溶液中的靶细胞，随后转化为电信号，实现定量或半定量检测。Kanayeva 等通过生物素-链霉亲和素将单核细胞增生李斯特氏菌特异性抗体偶联在纳米磁性颗粒上构建电化学生物传感器，2 小时内即可以实现对碎牛肉样品中单核细胞增生李斯特氏菌

① Sai-Anand, G., Sivanesan, A., Benzigar, M.R., et al., "Recent Progress on the Sensing of Pathogenic Bacteria Using Advanced Nanostructures," *Bulletin of the Chemical Society of Japan* 92 (2019): 216-244.

② 王兴国等：《超宽范围的电化学酶生物传感器与检测技术》，《电子器件》2023 年第 6 期。

③ Kline, D.I., Vollmer, S.V., "White Band Disease (type I) of Endangered Caribbean Acroporid Corals is Caused by Pathogenic Bacteria," *Scientific Reports* (2011): 7.

④ Singh, P.K., Jairath, G., Ahlawat, S.S., et al., "Biosensor: an Emerging Safety Tool for Meat Industry," *Journal of Food Science and Technology* 53 (2016): 1759-1765.

⑤ Morales, M.A., Halpern, J.M., "Guide to Selecting a Biorecognition Element for Biosensors," *Bioconjugate Chemistry* 29 (2018): 3231-3239.

的捕获，且检测不受其他主要食源性细菌（包括大肠埃希氏菌 O157：H7，大肠杆菌 K-12、乳杆菌、鼠伤寒沙门氏菌和金黄色葡萄球菌）的干扰，在 $10^3 \sim 10^7$ CFU/mL 的范围内，阻抗变化与单核增生乳杆菌数量呈线性相关。[1] He 等建立了一种结合 PCR 和 CRISPR/Cas12a 的电化学生物传感器，优化条件下，对禽肉中鼠伤寒沙门菌的最低检测限为 820 CFU/mL。[2]

安培生物传感器主要依赖于循环伏安法，通过分析氧化还原曲线，对电极上被测物质进行定量分析。基于循环伏安法的安培生物传感器常与免疫技术相结合被应用于食源性致病菌的快速、灵敏检测中。例如，Chemburu 等人设计了以高度分散的活性炭颗粒、抗体、辣根过氧化物酶（HRP）偶联的夹心式流动免疫分析生物传感器，结合安培检测技术，对鸡肉样品中大肠杆菌、单核细胞增生李斯特氏菌和空肠梭菌的最低检测限分别为 50 CFU/mL、30 CFU/mL 和 50 CFU/mL。[3] Ruan 等采用流动注射系统中的安培型酪氨酸酶-辣根过氧化物酶生物传感器，结合免疫磁分离技术，定量检测碎牛肉中大肠埃希氏菌 O157：H7 细胞，2 小时内可完成低至 6×10^2 CFU/mL 目的细胞的检测。[4] 安培生物传感器在对目标菌的检测限基本为 10 CFU/mL ~ 10^2 CFU/mL。

阻抗生物传感器是一种定量检测靶分子的电化学检测方法。[5] 通过靶分子与识别元件的反应导致阻抗变化，进而建立阻抗变化与靶分子浓度之间的

[1] Kanayeva, D. A., Wang, R., Rhoads, D., et al., "Efficient Separation and Sensitive Detection of *Listeria Monocytogenes* Using an Impedance Immunosensor Based on Magnetic Nanoparticles, a Microfluidic Chip, and an Interdigitated Microelectrode," *Journal of Food Protection* 75 (2012): 1951-1959.

[2] He, Y., Jia, F., Sun, Y., et al., "An Electrochemical Sensing Method Based on CRISPR/Cas12a System and Hairpin DNA Probe for Rapid and Sensitive Detection of *Salmonella* Typhimurium," *Sensors and Actuators B: Chemical* 369 (2022): 132301.

[3] Chemburu, S., Wilkins, E., Abdel-Hamid I., "Detection of Pathogenic Bacteria in Food Samples Using Highly-dispersed Carbon Particles," *Biosensors and Bioelectronics* 21 (2005): 491-499.

[4] Ruan, C., Wang, H., Li, Y., "A Bienzyme Electrochemical Biosensor Coupled with Immunomagnetic Separation for Rapid Detection of *Escherichia coli* O157: H7 in Food Samples," *Transactions of the ASAE* 45 (2002): 249-255.

[5] Varshney, M., Li, Y., "Interdigitated Array Microelectrodes Based Impedance Biosensors for Detection of Bacterial Cells," *Biosens Bioelectron* 24 (2009): 2951-2960.

线性关系，实现检测。Wang 等将单克隆抗体包被的磁性纳米颗粒（MNPs）、脲酶修饰的金纳米颗粒（GNPs）与李斯特氏菌反应形成 mnp-李斯特氏菌-gnp 制备成双抗体"三明治"结构，结合导电性较差的尿素溶液，通过离子浓度增加引起的阻抗降低来检测单核增生李斯特氏菌，在不修改电极的情况下最低检测限为 1.6×10^3 CFU/mL[1]。Wang 等人以半胱胺（Cys）为交联剂，将肌病毒科噬菌体 SEP37 共价固定在金纳米颗粒（AuNPs）修饰的金圆盘电极（GDE）表面，形成可对沙门氏菌特异性捕获的 GDE-AuNPs-Cys-Phage SEP37 阻抗生物传感器，经过 3.5 小时的预富集过程，鸡胸肉样品中的最低检测限可达 1 CFU/mL。[2]

2. 光学生物传感器

光学生物传感器利用测量生物分子（包括核酸和抗体）对分析物的识别所导致的光学特性变化来分析和检测目标。[3] 这些光学特性包括肉眼和设备检测到的颜色（比色法），现常结合其他先进技术，如金纳米颗粒、表面增强拉曼散射（SERS）、表面等离子体共振（SPR）和荧光光谱（FS）。比色生物传感器根据不同浓度的分析物与实验试剂发生反应而产生的颜色变化，通过视觉比色法和光电比色法对待测物进行定量检测。[4] Fernandez 等人介绍了一种基于光子生物传感器的单核细胞增生李斯特氏菌检测方法，通过

---

① Wang, D., Chen, Q., Huo, H., et al., "Efficient Separation and Quantitative Detection of *Listeria monocytogenes* Based on Screen-printed Interdigitated Electrode, Urease and Magnetic Nanoparticles," *Food Control* 73 (2017): 555-561.

② Wang, J., Li, H., Li, C., et al., "EIS Biosensor Based on a Novel *Myoviridae Bacteriophage* SEP37 for Rapid and Specific Detection of *Salmonella* in Food Matrixes," *Food Research International* 158 (2022): 111479.

③ Flauzino, J. M. R., Alves, L. M., Rodovalho, V. R., et al., "Application of Biosensors for Detection of Meat Species: A Short Review," *Food Control* 142 (2022): 109214; Tenenbaum, E., Segal, E., "Optical Biosensors for Bacteria Detection by a Peptidomimetic Antimicrobial Compound," *Analyst* 22 (2015): 7726-7733.

④ Khalil, I., Hashem, A., Nath, A. R., et al., "DNA/Nano Based Advanced Genetic Detection Tools for Authentication of Species: Strategies, Prospects and Limitations," *Molecular and Cellular Probes* 59 (2021): 101758; Mansouri, M., Fathi, F., Jalili, R., et al., "SPR Enhanced DNA Biosensor for Sensitive Detection of Donkey Meat Adulteration," *Food Chemistry* 331 (2020): 127163.

在多个批次冷冻汉堡肉样品中实验表明，该方法的最低检测限在 $10^1 \sim$ 10^2 CFU/mL，可在 4 小时内取得结果。[1] Quintela 等人开发了基于寡核苷酸功能化金纳米粒子的新型光学生物传感平台，实现了 19 种环境沙门氏菌和暴发沙门氏菌的全面、高灵敏度同时比色检测，对复杂的鸡肉基质中的沙门氏菌具有 100% 的特异性，检测限<10 CFU/mL 或 10 CFU/g。[2]

荧光生物传感器是一种基于物质荧光特性的生物传感器。目前最常用的是荧光光谱法和荧光共振能量转移法。[3] 荧光光谱中经常使用量子点、荧光染料和具有荧光特性的纳米材料，而荧光共振能量转移中通常使用能够经历能量转移的纳米材料的组合。[4] 不同荧光颜色的量子点具有不同的发射波长，这一特性被用于同时检测多种食源性病原体。例如，Xu 等人利用不同发射波长的量子点与不同目标细菌的适体结合，实现了碎牛肉中大肠埃希氏菌 O157：H7、金黄色葡萄球菌、单核细胞增生李斯特氏菌和鼠伤寒沙门菌的同时检测，检测限分别为 320 CFU/mL、350 CFU/mL、110 CFU/mL、750 CFU/mL。[5] Zhang 等人报道了一种新型的双色纳米粒子（UNCP）荧光生物传感器，以不同镧系掺杂的 UCNP 为荧光标记物，结合抗体作为特异性分子识别探针，可同时检测猪肉中 1×10^2 CFU/mL 至 1×10^5 CFU/mL 的大肠杆菌和金黄色葡萄球菌。[6]

---

[1] Fernandez, B. A., Hernandez, P. M., Moreno, T. Y., et al., "Development of Optical Label-free Biosensor Method in Detection of *Listeria Monocytogenes* from Food," *Sensors* (*Basel*) 23 (2023): 5570.

[2] Quintela, I. A., de Los, R. B., Lin, C. S., et al., "*Simultaneous Colorimetric* Detection of a Variety of *Salmonella* spp. in Food and Environmental Samples by Optical Biosensing Using Oligonucleotide-Gold Nanoparticles," *Front Microbiol* 10 (2019): 1138.

[3] Quintela, I. A., de Los, R. B., Lin, C. S., et al., "*Simultaneous Colorimetric* Detection of a Variety of *Salmonella* spp. in Food and Environmental Samples by Optical Biosensing Using Oligonucleotide-Gold Nanoparticles," *Front Microbiol* 10 (2019): 1138.

[4] Duan, N., Wu, S., Dai, S., et al., "Simultaneous Detection of Pathogenic Bacteria Using an Aptamer Based Biosensor and Dual Fluorescence Resonance Energy Transfer from Quantum Dots to Carbon Nanoparticles," *Mikrochimica Acta* 182 (2015): 917-923.

[5] Xu, L., Callaway, Z. T., Wang, R., et al., "A Fluorescent Aptasensor Coupled with Nanobead-based Immunomagnetic Separation for Simultaneous Detection of Four Foodborne Pathogenic Bacteria," *Transactions of the ASABE* 58 (2015): 891-906.

[6] Zhang, B., Li, H., Pan, W., et al., "Dual-color Upconversion Nanoparticles (ucnps) -based Fluorescent Immunoassay Probes for Sensitive Sensing Foodborne Pathogens," *Food Anal Methods* 10 (2017): 2036-2045.

3. 微流控生物传感器

利用微流芯片技术与生化分析技术相结合，开发出的传感器称为微流控生物传感器，[①] 是由几十到几百微米大小的通道来操作和处理微体积样品的技术，也被称为芯片上的实验室。该传感器可以将分析过程（包括样品预处理、样品分离、生化反应和实时定量分析）集成在单个微流控芯片上[②]，具有小型化、自动化、便携性、成本低、检测时间短、高通量并行检测等优点[③]，但由于样品基质的复杂性，微流控芯片往往与不同类型的检测器相结合以满足不同检测要求、不同类型靶标的分离与生化分析。根据安装在芯片上的探测器，这类生物传感器可分为微流控光学、电化学和色谱传感器。[④] Hao 等人利用量子点作为传感器荧光探针，二氧化锰纳米花作为量子点纳米载体用于信号放大，开发了用于快速灵敏检测鼠伤寒沙门菌的微流控荧光生物传感器，荧光强度与细菌浓度在 $1.0 \times 10^2 \sim 1.0 \times 10^7$ CFU/mL 范围内呈线性关系，加标鸡肉中沙门氏菌的检测限低至 43 CFU/mL。[⑤] Liu 等人研制了一种基于免疫磁分离、酶催化和电化学阻抗分析的微流控生物传感器，可用于检测鸡肉样品中的鼠伤寒沙门菌，检测范围为 $1.6 \times 10^2 \sim 1.6 \times 10^6$ CFU/mL，检测时间仅需 1 小时。[⑥] 2019 年，Alves 和 Reis 开发了一种基于 FEP-Teflon 毛细管和荧光材料的微流体生物传感器，并将其与智能手机结合

[①] Zaytseva, N. V., Goral, V. N., Montagna, R. A., et al., "Development of a Microfluidic Biosensor Module for Pathogen Detection," *Lab Chip* 5（2005）: 805–811.

[②] Boehm, D. A., Gottlieb, P. A., Hua, S. Z., "On-chip Microfluidic Biosensor for Bacterial Detection and Identification," *Sensors and Actuators B: Chemical* 126（2007）: 508–514.

[③] Kant, K., Shahbazi, M., Dave, V. P., et al., "Microfluidic Devices for Sample Preparation and Rapid Detection of Foodborne Pathogens," *Biotechnology Advances* 36（2018）: 1003–1024.

[④] Hunter, R., Sohi, A. N., Khatoon, Z., et al., "Optofluidic Label-free SERS Platform for Rapid Bacteria Detection in Serum," *Sensors and Actuators B: Chemical* 300（2019）: 126907.

[⑤] Hao, L., Xue, L., Huang, F., et al., "A Microfluidic Biosensor Based on Magnetic Nanoparticle Separation, Quantum Dots Labeling and MnO₂ Nanoflower Amplification for Rapid and Sensitive Detection of *Salmonella Typhimurium*," *Micromachines (Basel)* 11（2020）: 281.

[⑥] Liu, Y., Jiang, D., Wang, S., et al., "A Microfluidic Biosensor for Rapid Detection of *Salmonella Typhimurium* Based on Magnetic Separation, Enzymatic Catalysis and Electrochemical Impedance Analysis," *Chinese Chemical Letters* 33（2022）: 3156–3160.

起来检测大肠杆菌,其检测限可低至 10^3 CFU/mL。[1] 虽然该研究不涉及肉制品中的致病菌检测,但微流控芯片与智能手机的创新结合为现场检测提供了新的思路。

综上所述,生物传感器具有灵敏度高、响应时间短、检测速度快等优点,但其不足之处也非常明显。在电化学生物传感器中,少量的目标可以引起信号的变化,从而获得高灵敏度,然而,由于同样的原因,电化学生物传感器容易受到外界干扰。在阻抗型生物传感器中,过量离子对实验结果的干扰较大,传感器的稳定性和准确性有待提高。目前,阻抗型和安培型生物传感器需要使用大型电化学工作站来实现最终的电信号输出和处理,这是快速现场检测食源性病原体的一个大问题,因此,发展微型电化学手段是拓宽其应用前景的必要条件。对于光学生物传感器来说,不同物质的消光系数不同,基于比色分析的传感器的灵敏度也不同,在一般情况下,提高比色分析的灵敏度是一个很大的挑战。荧光生物传感器的信号来自物质的荧光特性,然而,荧光在一定条件下(如特定温度或 pH 值)容易猝灭,这就对荧光生物传感器的反应条件提出了严格的要求。微流控芯片的发展使生物传感器在小型化、自动化和集成化方面取得了很大的进展,为食源性病原体的现场检测提供了很大的帮助。但是,由于微流控通道的微尺度,通道对样品的非特异性吸附和通道堵塞都是难以解决的问题,在复杂样品的分析中存在挑战。

(四)不同快速检测技术指标比较——以鸡肉中沙门氏菌的检测为例

鸡肉是世界产量最大的肉类,沙门氏菌是鸡肉中常见的致病菌,是世界范围内公认的造成食品安全危害的"罪魁祸首"。[2] 2023 年 6 月举办的首届沙门氏菌预防与健康促进专家研讨会上,中国疾病预防控制中心传染病预防控制所研究员闫梅英指出,世界卫生组织统计显示,每年大约有 1.15 亿人感染沙门氏菌患病,其中 37 万人因此死亡。沙门氏菌引起的胃肠炎病例约

---

[1] Alves, I. P., Reis, N. M., "Microfluidic Smartphone Quantitation of *Escherichia coli* in Synthetic Urine," *Biosens Bioelectron* 145 (2019): 111624.

[2] Silva, M. V. D., "Poultry and Poultry Products-risks for Human Health," 2020.

为 9500 万，其中超 5 万人死亡。沙门氏菌感染在我国全年的发病数约为 9000 万人次，通过对近期多个省份的疾病负担调查发现，沙门氏菌每年发病率是 245/10 万。本文通过比较近 2 年来部分鸡肉中沙门氏菌的快速检测技术的主要参数（见表 2），为不同技术的特异性、灵敏度、时效性等提供更直观和清晰的参考。

三 肉及肉制品中致病菌快速检测技术面临的挑战

（一）样品前处理方法对检测结果的影响

样品的前处理是检测过程中的首道工序。在这一步骤中，样品的采集、储存、制备以及处理方法的选择都至关重要，而食品基质的复杂性更加剧了前处理步骤对结果一致性和准确性的影响。如何特异性地富集目标菌株而尽可能减少非靶标菌株或成分，如何缩短预处理时间真正实现快速检测都是我们不可忽视的问题。

（二）检测灵敏度与特异性的问题

检测技术的灵敏度和特异性是衡量快速检测技术性能的两个核心指标。灵敏度过低，可能导致低浓度的致病菌被忽略；而灵敏度过高，则可能引发假阳性结果。同样，特异性的不足会导致非目标菌株被误检，而特异性过高则可能遗漏变异的或新出现的病原体。因此，在提高检测灵敏度的同时保持足够的特异性是检测技术发展中的一大挑战。

（三）标准化与推广问题

目前，对于肉及肉制品中微生物检测技术仍以培养法为主，本文描述的快速检测手段大多处于实验室研究阶段，受技术成熟度、设备设施、技术成本等各方面影响，几乎未见于国家标准。各项快速检测技术也亟须从小型化、现场化、廉价化角度入手，提升实际应用价值。

表 2 不同快速检测技术在鸡肉沙门氏菌检测中的应用

技术种类		主要技术参数	特异性	检测限	检测时间	检测方式	参考文献
	PCR	采用自动磁分离系统提取待测菌基因组，PCR中退火条件57℃ 30秒	对三种目标菌实现有效检测，未提及其他菌株	肠炎沙门氏菌 3.1×10⁴ CFU/g，单核细胞增生李斯特氏菌 3.5×10³ CFU/g，金黄色葡萄球菌 3.9×10² CFU/g	3.5 小时内完成全过程	毛细管电泳	①
基于分子生物学快速检测技术	多重 RPA	最佳体积为 25 µL，最佳温度为 38℃	大肠杆菌、崎肠杆菌、金黄色葡萄球菌、蜡样芽孢杆菌、枯草芽孢杆菌、福氏志贺氏菌、沟肠杆菌、副溶血性弧菌、恶臭假单胞菌、婴儿沙门氏菌等无交叉反应	沙门氏菌 2.8×10²CFU/mL 肠炎沙门氏菌 5.9×10² CFU/mL 鼠伤寒沙门氏菌 7.6×10² CFU/mL	富集 4 小时，检测 25 分钟	横流试纸	②
	噬菌体介导的 LAMP	沙门氏菌富集 3 小时，与噬菌体颗粒共培养 4 小时，反应温度为 65~67℃	未提及	实时荧光法 LOD₉₅ 为 6.6 CFU/25 g，裸眼法检测 LOD₅₀为 1.5CFU/25 g	可在约 8 小时内完成整个过程	荧光肉眼观察	③

① Ndraha, N., Lin, H.Y., Tsai, S.K., et al., "The Rapid Detection of Salmonella Enterica, Listeria Monocytogenes, and Staphylococcus Aureus Via Polymerase Chain Reaction Combined with Magnetic Beads and Capillary Electrophoresis," Foods 12(2023): 3895.

② Zhan, Z., He, S., Cui, Y., et al., "Development of a Multiplex Recombinase Polymerase Amplification Coupled with Lateral Flow Dipsticks for the Simultaneous Rapid Detection of Salmonella spp., Salmonella typhimurium and Salmonella enteritidis," Food Quality and Safety 8(2024): 59.

③ Lamas, A., Santos, S.B., Prado, M., et al., "Phage Amplification Coupled with Loop-mediated Isothermal Amplification (PA-LAMP) for Same-day Detection of Viable Salmonella Enteritidis in Raw Poultry Meat," Food Microbiology 115(2023): 104341.

续表

技术种类	主要技术参数	特异性	检测限	检测时间	检测方式	参考文献
基于分子生物学的快速检测技术 LAMP	适配体浓度为 100 μM,珠粒剂量为 25 μL,反应温度为 64.7℃	对金黄色葡萄球菌、单核细胞增生李斯特氏菌、志贺氏菌、铜绿假单胞菌、大肠弯曲杆菌无交叉反应	荧光检测限 5.5CFU/mL,裸眼检测限 27.5CFU/mL	无须富集培养,未提及具体时间	自主开发的掌上一体机+智能手机荧光分析应用程序	①
基于金纳米颗粒的免疫层析法	固定在检测区的抗体浓度为 1mg/mL,采用 BSA(0.5% w/v)作为阻断液,结果读取时间 1 分钟	对大肠杆菌、金黄色葡萄球菌不产生颜色反应	未稀释鸡肉样品中最低检测限,对沙门氏菌标准液的视觉检测限不超过 10^3 CFU/mL,定量检测限为 1CFU/mL	孵育 12 小时,检测时间不超过 15 分钟	横流试纸	②
基于免疫的快速检测技术 免疫层析法	Au@Pt 纳米酶作为标签,试纸浸入待测液 10 分钟,读取时间 2 分钟	鼠伤寒沙门氏菌、副伤寒沙门氏菌、肠炎沙门氏菌、魏尔肖沙门氏菌、鸭沙门氏菌,大肠埃希氏菌 O15:H7、单核细胞增生李斯特氏菌、小肠结肠炎耶尔森菌、假结核耶尔森菌、铜绿假单胞菌、土拉热弗朗西丝菌无交叉反应	未稀释鸡肉样品中最低检测限,但文中提及鸡肉中 $2.8\times10^3 \sim 0.8\times10^6$ CFU/g 鼠伤寒沙门氏菌的检测回收率分别为 94.5 ± 2.4% 和 92.2 ± 0.2%	从获取样品到评估结果耗时 50 分钟	扫描后,利用 TotalLab TL120 软件检测颜色强度	③

① Jia, K., Xiao, R., Lin, Q., et al., "RNase H2 Triggered Visual Loop-mediated Isothermal Amplification Combining Smartphone Assisted All-in-one Aptamer Magnetic Enrichment Device for Ultrasensitive Culture-independent Detection of Salmonella Typhimurium in Chicken Meat," Sensors and Actuators B: Chemical 380(2023): 133399.

② Silva, G. B. L., Alvarez, L. A. C., Campos, F. V., et al., "A Sensitive Gold Nanoparticle-based Lateral Flow Immunoassay for Quantitative on-site Detection of Salmonella in Foods," Microchemical Journal 199(2024): 109952.

③ Hendrickson, O. D., Byzova, N. A., et al., "Sensitive Immunochromatographic Determination of Salmonella Typhimurium in Food Products Using Au@Pt Nanozyme," Nanomaterials (Basel) 13(2023): 3074.

续表

技术种类		主要技术参数	特异性	检测限	检测时间	检测方式	参考文献
基于传感器的快速检测技术	比色/荧光双模式传感器	磁性共价有机骨架 MCOF-CuO/Au@apt: 80 μg/mL, 孵育时间 30 分钟, 显色时间 8 分钟	对金黄色葡萄球菌、单核细胞增生李斯特氏菌、大肠埃希氏菌 O157: H7, 副溶血性弧菌和福氏志贺氏菌具有良好特异性	未菌释鸡肉样品中最低检测限, 但文中提及鸡肉中 $10^{2.42}$ ~ $10^{5.09}$ CFU/mL 鼠伤寒沙门菌的检测实例	孵育 30 分钟, 显色时间 8 分钟	智能手机和线性判别分析的智能监测平台	①
	电化学传感器	Cas12a-crrna 双重识别元件, Cas 12a 和 crRNA 浓度为 100nM, CG@MXene 纳米复合材料对 GCE 的电化学特性进行修饰的最佳反应时间为 50 分钟	对大肠埃希氏菌、金黄色葡萄球菌、蜡样芽孢杆菌和福氏志贺氏菌的交叉反应率为 5.70% ~ 19.19%	未菌释鸡肉样品中最低检测限, 但文中提及鸡肉中 2×10^2 ~ 1.5×10^3 CFU/mL 鼠伤寒沙门菌的检测实例	富集 12~16 小时, 分析过程中两次孵育共 1 小时	差分脉冲伏安法	②

① Li, H., Xu, H., Shi, X., et al., "Colorimetry/fluorescence Dual-mode Detection of Salmonella Typhimurium Based on a 'three-in-one' Nanohybrid with High Oxidase-like Activity for AIEgen," Food Chemistry 449 (2024): 139220.
② Duan, M., Li, B., He, Y., et al., "A CG@MXene Nanocomposite-driven E-CRISPR Biosensor for the Rapid and Sensitive Detection of Salmonella Typhimurium in Food," Talanta 266 (2024): 125011.

续表

技术种类		主要技术参数	特异性	检测限	检测时间	检测方式	参考文献
基于传感器的快速检测技术	金传感器	多克隆抗体(pAbs)添加量 100 μg/ml	对微球菌、假单胞菌、大肠杆菌、单核增生李斯特菌、金黄色葡萄球菌、空肠弯曲杆菌和沙门氏菌无交叉反应,对鼠伤寒沙门菌、肠炎沙门氏菌和海德堡沙门氏菌具有足够的特异性	10^1 CFU/mL	富集6小时,孵育1小时,未提及检测时间	光学显微镜成像	①
	免疫生物传感器	3D打印电极、负载Cd/Se ZnS量子点标记链霉亲和素抗体 2.5 μg/ml	未提及	5CFU/mL	总检测时间25分钟	伏安法	②

① Park, M. K. , "Comparison of Gold Biosensor Combined with Light Microscope Imaging System with ELISA for Detecting *Salmonella* in Chicken after Exposure to Simulated Chilling Condition," *Journal of Microbiology and Biotechnology* 33 (2023): 228–234.

② Angelopoulou, M. , Kourti, D. , Mertiri, M. , et al. , "A 3D-printed Electrochemical Immunosensor Employing Cd/Se ZnS QDs as Labels for the Rapid and Ultrasensitive Detection of *Salmonella Typhimurium* in Poultry Samples," *Chemosensors* 11 (2023): 475.

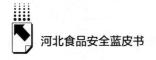

四 发展趋势及展望

致病菌污染是肉及肉制品安全面临的重要挑战之一，开发灵敏度高、特异性强、耗时短的现场化检测技术是发现和控制肉及肉制品中致病菌导致的食源性疾病暴发的唯一途径。随着科技的发展和技术的进步，我们不难预测，肉及肉制品中致病菌的快速检测技术也将迎来新的发展。

（一）面向未来的肉及肉制品致病菌检测技术展望

肉及肉制品致病菌检测技术将朝着以下几个方向发展。首先，高灵敏度和高特异性的检测技术将得到进一步发展。例如，基于纳米技术、分子生物学技术、生物传感器等的新型检测手段将在肉制品致病菌检测中发挥更加重要的作用。这些技术具有高灵敏度和高特异性，能够实现对致病菌的快速、准确检测。其次，实时在线监测技术将成为肉制品致病菌检测的新趋势。实时监测肉制品生产过程中的致病菌污染情况，可以及时发现并控制潜在的安全风险。这种实时在线监测技术将有助于提高肉制品生产过程的卫生水平和产品质量。此外，随着大数据和云计算技术的发展，肉及肉制品致病菌检测数据的处理和分析能力将得到进一步提升。对大量检测数据进行收集、整理和分析，可以揭示致病菌污染的规律和趋势，为肉制品生产过程中的质量控制和食品安全监管提供有力支持。

（二）智能化与自动化检测技术的加持

近年来，智能化和自动化技术在肉及肉制品快速检测领域取得了显著进展。传统的肉及肉制品检测方法需要专业技术人员参与，耗时耗力，且易受到人为因素的影响。而智能化和自动化技术的加持必将大大提高检测效率和准确性。首先，人工智能技术的引入使得肉及肉制品检测过程更加智能化。机器学习、深度学习等算法可以实现对肉制品的自动识别、分类和检测。这种智能化的检测方式能够减少人为误差，提高检测精度。其次，自动化检测设备的研发和应用也为肉制品快速检测带来了便利。这些设备能够实现样品的自动取样、处理和检测，大大加快了检测速度。同时，自动化检测设备还可以减少人为操作，降低交叉污染的风险，确保检测结果的可靠性。

（三）多模块整合的综合检测平台的建立

随着肉及肉制品快速检测需求的不断增加，单一的检测手段已经难以满足实际需求。因此，多模块整合的综合检测平台成为肉制品快速检测领域的发展趋势。这种综合检测平台集成了多种检测技术和方法，包括光谱分析、色谱分析、电化学分析等。通过不同技术之间的互补和协同作用，可以实现对肉及肉制品中多种成分和污染物的快速检测。这种多模块整合的综合检测平台不仅提高了检测效率，还能够提供更全面、准确的检测结果。此外，综合检测平台还具备数据分析和处理功能，通过对检测数据进行深入挖掘和分析，可以发现肉及肉制品中潜在的安全隐患，为食品安全监管提供有力支持。

综上所述，肉及肉制品快速检测技术的发展趋势包括智能化与自动化检测技术的应用、多模块整合的综合检测平台的构建以及面向未来的肉及肉制品致病菌检测技术的不断创新。然而，在实际应用中，肉及肉制品快速检测技术在技术成熟度、成本投入、标准化和法规支持等方面面临诸多挑战。因此，未来需要进一步加强技术研发和应用推广，推动肉及肉制品快速检测技术的持续发展和完善。

B.10
国内外食品营养标签现状
及管理对策分析

史国华　王　旭　张岩*

摘　要：　食品营养标签对于保障消费者健康、引导合理饮食以及促进食品行业规范化发展具有重要意义。本文分析了国内外食品营养标签的现状和管理对策，旨在为我国食品营养标签制度的优化指明方向。通过对比国内外食品营养标签方面的法律法规、制度、标准和实施情况，为完善我国食品营养标签制度、提高食品营养信息的准确性和可靠性、切实提升我国食品营养标签的质量管理提供借鉴。

关键词：　食品营养标签　预包装食品　管理机制　监管力度

在当今健康意识日益增强的时代，食品营养标签成为消费者选择食品的重要依据。国内外的食品市场对此都有明确的法规要求，以保障消费者的知情权和健康权益。然而，各国的营养标签管理制度存在差异，实施效果也各有千秋。例如，美国的营养标签法规严格、信息详尽，而欧洲则注重简洁明了。我国在近年来虽已建立起相对完善的食品营养标签制度，但仍面临消费者理解度低、监管执行力度不够等问题。

本文深入探讨了国内外食品营养标签的现状，包括其发展历程、主要特点和存在的差异。通过深入分析，揭示了食品营养标签对于保障消费者健康、引

---

　* 史国华，河北省食品检验研究院，主要从事食品安全检测与研究工作；王旭、张岩，河北省食品检验研究院，主要从事食品安全检测与研究工作。

导合理饮食以及促进食品行业规范化发展的重要意义。最后，提出完善我国食品营养标签制度的对策建议，以推动食品营养标签体系的不断完善和有效实施。

一 食品营养标签概述

（一）食品营养标签及其适用范围

食品营养标签这一概念由国际食品法典委员会（CAC）提出，定义为一种传达食品营养特性的手段，通过标注具体的营养成分和附加的营养信息，使消费者能够了解食品的营养价值。食品标签法典委员会（CCFL）进一步将其分为营养成分的详细标示和关于食品健康益处的声明两个主要类别。食品营养标签是消费者了解食品营养价值的重要窗口，也是指导消费者合理选择食品的重要依据。

我国《食品安全国家标准 预包装食品营养标签通则》（GB 28050-2011）是食品营养标签的现行法律规范文件，其明确规定食品营养标签是预包装食品标签不可或缺的部分，通过营养成分表、营养声称以及营养成分功能声称等方式为消费者提供全面的食品营养信息。值得注意的是，虽然食品营养标签适用于预包装食品，但并非所有食品都必须标注营养标签。一般来说，预包装食品在市场上销售时需要标注营养标签，而一些生鲜食品、现制现售食品等则可豁免标注。此外，对于特殊膳食用食品、保健食品等也有专门的营养标签规定和要求。

（二）食品营养标签的标示内容

GB 28050-2011 第2.1条规定，食品的营养标签由营养成分表、营养声称和营养成分功能声称组成，但并不强制这三项内容同时出现在产品包装上。其中，营养成分表是必不可少的，而营养声称和营养成分功能声称的展示则需遵循特定的条件，例如，一旦选择标注了某营养成分的声称，就必须同时显示该成分的含量及其营养素参考值（NRV）的百分比。

1.营养成分表

营养成分表是食品营养标签的核心内容，它以标准化表格的形式列出食品的营养成分、含量和NRV%。表头明确标注"营养成分表"，营养成分名称需要严格遵循规定标示能量、名称和顺序；含量以数值和单位呈现，单位也可位于营养成分名称后，如碳水化合物（g）；NRV%则表示食品中能量或营养成分含量相对于每日推荐摄入量的比例。表1至表5为GB 28050-2011规定了不同营养成分表的标示格式。然而，对于预包装食品的总面积小于100平方厘米的情况，考虑到包装空间有限，可以采用非表格的形式来标注营养成分，并且可以不标示NRV%。在这种情况下，营养成分通常会按照规定的顺序从左到右横向排列，或者自上而下纵向排列，以确保信息的清晰度和可读性。

表1 仅标示能量和核心营养素的食品营养标签营养成分表

项目	每100克(g)或100毫升(mL)或每份	营养素参考值%或NRV%
能量	千焦(kJ)	%
蛋白质	克(g)	%
脂肪	克(g)	%
碳水化合物	克(g)	%
钠	毫克(mg)	%

表2 标示更多营养成分的食品营养标签营养成分表

项目	每100克(g)或100毫升(mL)或每份	营养素参考值%或NRV%
能量	千焦(kJ)	%
蛋白质	克(g)	%
脂肪	克(g)	%
——饱和脂肪	克(g)	%
胆固醇	毫克(mg)	%
碳水化合物	克(g)	%
——糖	克(g)	%
膳食纤维	克(g)	%
钠	毫克(mg)	%
维生素A	微克视黄醇当量(μg RE)	%
钙	毫克(mg)	%

注：核心营养素（包括蛋白质、脂肪、碳水化合物和钠）应采取适当形式使其醒目。

表3　附有外文的食品营养标签营养成分表（nutrition information）

项目/Items	每100克(g)或100毫升(mL)或每份 per 100 g/100 mL or per serving	营养素参考值%/NRV%
能量/energy	千焦(kJ)	%
蛋白质/protein	克(g)	%
脂肪/fat	克(g)	%
碳水化合物/carbohydrate	克(g)	%
钠/sodium	毫克(mg)	%

表4　横排格式的食品营养标签营养成分表

项目	每100克(g)或100毫升(mL)或每份	营养素参考值%或NRV%	项目	每100克(g)或100毫升(mL)或每份	营养素参考值%或NRV%
能量	千焦(kJ)	%	碳水化合物	克(g)	%
蛋白质	克(g)	%	钠	毫克(mg)	%
脂肪	克(g)	%	—	—	%

表5　附有营养声称和（或）营养成分功能声称的食品营养标签营养成分表

项目	每100克(g)或100毫升(mL)或每份	营养素参考值%或NRV%
能量	千焦(kJ)	%
蛋白质	克(g)	%
脂肪	克(g)	%
碳水化合物	克(g)	%
钠	毫克(mg)	%

2. 营养声称

营养声称是对食品营养特性的描述和声明，分为含量声称和比较声称，前者是基于食品中能量或营养成分的含量水平进行描述，这个含量一定要符合规定的声称条件，例如"高钙""低脂""无糖""富含维生素C"等都属于这一类型。比较声称则是与同类产品比较其营养素含量或能量值，如果

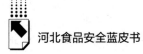

相比之下含量增加或减少25%以上时，就可以使用比较声称了，比如"钙增加了30%""盐减少了25%"等都是比较声称。需要注意的是，含量声称需以每100 g或每100 mL为单位。无论哪种，都要符合相关的规定和标准，以确保其真实性和准确性。

3.营养成分功能声称

营养成分功能声称是对营养成分生理功能的描述，如"蛋白质是人体的主要构成物质并提供多种氨基酸""膳食纤维有助于维持正常的肠道功能""钙有助于骨骼和牙齿的发育"等。根据GB 28050-2011规定，食品生产商可以声称某种营养成分对健康有特定益处，但这些声称必须遵循严格的规定（见表6）。例如，声称某营养素能增强免疫力或支持骨骼健康等，必须使用标准中列出的特定用语，并且只有当该营养素在营养成分表中明确标示了含量和NRV%时，才能进行功能声称。此外，功能声称的使用还可能需要满足其他条件，如最低含量要求、警示语等。通常，功能声称需要在包装的显著位置清晰可见，以便消费者容易看到。每个营养素的具体声称条件可能会有所不同，因此在进行功能声称时，需要详细查阅GB 28050-2011标准以确保符合所有规定。

表6　蛋白质的功能声称用语及条件

可选用的功能声称用语	产品需满足条件
蛋白质是人体的主要构成物质并提供多种氨基酸	含量声称的条件:含量≥6g/100g 或≥3g/100mL 或≥3g/420kJ 比较声称的条件:与参考食品相比,蛋白质含量增加或减少25%以上
蛋白质是人体生命活动中必需的重要物质,有助于组织的形成和生长	
蛋白质有助于构成或修复人体组织	
蛋白质有助于组织的形成和生长	
蛋白质是组织形成和生长的主要营养素	

（三）食品营养标签与食品安全的关系

食品营养标签与食品安全之间存在密切且至关重要的联系。食品营养标签不仅是食品安全标准体系的组成部分，也是食品安全管理体系中的关键环节。在食品安全标准体系中，营养标签标准规定了食品中营养成分的标识方式、内容和要求，首先，确保消费者能够识别出可能引起过敏或不适的物质，从而在选择食品时做出更安全的决策，确保个人食用安全。其次，营养标签有助于引导消费者做出有利于健康的食品选择。通过了解食品的营养成分，消费者可以根据自身的健康状况和营养需求，选择更适宜的食品，从而降低不良饮食习惯导致疾病的风险，从广义上维护了食品安全。

在食品安全管理体系中，营养标签的实施和监管是确保食品质量的重要手段。食品生产者和经营者需要按照国家规定的标准制作和展示营养标签，这要求他们在生产过程中严格控制产品质量，确保其符合营养声称。同时，市场监管部门通过检查和监督营养标签的合规性，可以及时发现并纠正可能存在的食品安全隐患，防止不合格产品流入市场。此外，食品营养标签还有助于提升公众的食品安全意识和营养知识。消费者能够通过标签信息对食品有更深入的理解，面对潜在安全问题的食品时，能够做出更为理智的购买决策。这对于促进公众健康、预防疾病和提高生活质量具有积极意义。综上所述，食品营养标签在食品安全标准体系和管理体系中发挥着桥梁作用，它既是规范食品生产和经营行为的工具，也是保障消费者权益、提升食品安全水平的重要途径。

二　国内外食品营养标签

（一）国外食品营养标签

食品营养标签的发展历程可以追溯到 20 世纪 60 年代，当时美国率先实施了营养标签制度。1990 年，美国通过了《营养标签和教育法案》（Nutrition Labeling and Education Act，NLEA），要求大部分预包装食品必须包含营养成分表，以帮助消费者了解食品的营养信息。这一举措标志着现代营养标签制度的诞生。此后，加拿大、澳大利亚、欧盟等国家和地区也制定了类似的法规和标准。随着时间的推移,这些规定不断更新和完善。例如,2011 年欧盟的《食品信息提供给消费者法规》[Regulation(EU)No 1169/2011]进一步提高了营养标签的透明度和一致性。其他国家和地区也有类似的法规,如澳大利亚和新西兰的《食品标准法典》(Food Standards Code),以及日本的《食品标示法》等。21 世纪初,国际食品法典委员会制定了一系列营养标签相关标准和技术文件,为各国提供了参考。2006 年,欧盟发布了《食品营养标签指令》,要求食品标签上必须标明食品的营养成分、保质期、使用方法等信息。近年来,随着人们对健康饮食的关注度不断提高,越来越多的国家和地区开始加强对食品营养标签的管理,要求标注更多的营养信息,如糖分、盐分、饱和脂肪酸等。同时,一些国家还开始推行"红绿灯"标签系统,用不同颜色的标签来表示食品中营养成分的含量高低,以便消费者更直观地了解食品的营养价值。

(二)国内食品营养标签

我国食品营养标签的强制性要求相对较晚,最初主要关注的是食品的基本信息标注,如成分和生产日期,营养信息的标注并不普遍。进入 21 世纪,随着消费者对健康饮食的日益关注,政府开始对食品标签进行更严格的规范。2004 年,中国发布了《预包装食品标签通则》(GB 7718-2004),对食品标签的标注内容和形式进行了规定,但营养信息的标注仍然是非强制性的。这一阶段标志着中国开始逐步规范食品标签,但营养信息的透明度仍有待提高。2011 年,正式发布了《食品安全国家标准 预包装食品营养标签通则》(GB 28050-2011),规定从 2013 年 1 月 1 日起,预包装食品必须标注营养成分表,包括能量、蛋白质、脂肪、碳水化合物和钠等核心营养素。这一规定使得食品营养标签在中国成为强制性要求,大大提高了食品营养信息的透明度。2017 年,国家市场监督管理总局对 GB 28050-2011 进行了修订,发布了新的版本,进一步明确了营养标签的标注要求,包括对反式脂肪酸、糖分等的详细规定,以适应不断变化的食品安全和营养需求。虽然我国的食品营养标签制度起步相对较晚,但近年来发展迅速。随着相关法律法规的不断健全，食品营养标签的管理逐步规范。目前，我国已基本建立了符合国情的食品营养标签体系，对保障消费者权益和促进食品行业发展发挥了重要作用。

（三）国内外食品营养标签的主要特点

国内外的食品营养标签在为消费者提供食品营养信息方面起着至关重要的作用。大部分国家要求标示的内容包含能量（热量）、蛋白质、脂肪及碳水化合物含量；部分国家要求的标示内容更加细化，如脂肪项目下需要标示饱和脂肪及反式脂肪含量，碳水化合物项目下需要标示膳食纤维及糖含量等；部分国家如美国、加拿大等还要求标示维生素及矿物质的含量。

1. 营养成分表达方式对比

根据《食品安全国家标准 预包装食品营养标签通则》（GB 28050 - 2011），我国要求食品企业必须在产品包装的醒目位置标示营养成分表，且能量和核心营养素的含量必须以每 100 克或每 100 毫升以及每份的形式表示。大部分国家选择以每 100 克（g）或每 100 毫升（mL）或每份（per serving）标示可食用部分的能量及营养成分含量。针对标签标示的食用分量（serving size）少于实际摄入量的情况，美国对不同种类的食品严格规定了食用分量，美国食品药品监督管理局（FDA）还要求在标签上提供家庭常用的度量单位，如杯、份、盎司等，以便消费者能够更直观地理解。通过标示食用分量、家庭常用度量单位及每个产品包含食用分量的份数，使消费者对于购买的食品分量有直观的认识，这有助于消费者将标签上的食用分量与家庭饮食习惯和日常用餐量相比较，选购自己所需要的产品。在内容规范方面，各国对营养成分的计算方法、单位和每日价值百分比（DV%）的使用有明确的规定。例如，中国和美国都使用每 100 克或每份的营养含量，以及 DV% 来帮助消费者理解和判断食品的营养价值。然而，不同国家对 DV% 的计算基础可能略有差异，如美国基于 2000 卡路里的日摄入量，而中国则基于 2000~2400 卡路里的范围。各国对营养成分的计算方法有统一的标准，如将干燥物质或食品的可食用部分作为计算基础。

2.营养成分标示项目对比

如表 7 所示，我国目前强制要求标示项目为"1+4"，即能量及碳水化合物、脂肪、蛋白质和钠 4 种核心营养素；而美国、加拿大、澳大利亚和新西兰等国家除脂肪外还要求标示饱和脂肪的含量。脂肪为人类必不可少的营养素之一，但同时研究表明过度摄入饱和脂肪可能提高患心脑血管疾病的风险，标示饱和脂肪含量为消费者起到预警作用，也能指导消费者购买食品时注意均衡营养、平衡膳食。另外，美国自 2016 年更新营养标签法规后增加了添加糖项目，根据美国相关调查数据，美国民众每日摄入热量中有 13%来自添加糖，而添加糖并不是必要的营养素，研究表明糖每日摄入量超过 10%，将难以满足营养需求，不利于形成健康的饮食模式。

表 7　各国及国际组织营养成分表标示项目及标注单位

国家及国际组织	强制性标示项目	标注单位
国际食品法典委员会	1+6：能量、蛋白质、可利用碳水化合物、脂肪、饱和脂肪、钠、总糖	每 100 g(mL)或每份(per serving)
中国	1+4：能量、碳水化合物、脂肪、蛋白质、钠	每 100 g(mL)或每份(per serving)
美国	1+14：能量、由脂肪提供的能量百分比、脂肪、饱和脂肪、胆固醇、总碳水化合物、糖、膳食纤维、蛋白质、维生素 A、维生素 C、钠、钙、铁、反式脂肪酸	每份(per serving)
加拿大	1+13：能量、脂肪、饱和脂肪、反式脂肪（同时标出饱和脂肪与反式脂肪之和）、胆固醇、钠、总碳水化合物、膳食纤维、糖、蛋白质、维生素 A、维生素 C、钙、铁	每份(per serving)
澳大利亚和新西兰	1+6：能量、蛋白质、脂肪、饱和脂肪、碳水化合物、糖、钠	每 100 g(mL)或每份(per serving)
马来西亚	1+4：能量、蛋白质、脂肪、碳水化合物、总糖	每 100 g(mL)
新加坡	1+8：能量、蛋白质、总脂肪、饱和脂肪、反式脂肪、胆固醇、碳水化合物、膳食纤维、钠	每 100 g(mL)或每份(per serving)

国家及国际组织	强制性标示项目	标注单位
日本	1+4:能量、蛋白质、脂肪、碳水化合物、钠	每份(per serving)
韩国	蛋白质、脂肪、饱和脂肪、反式脂肪、胆固醇、钠	每份(per serving)

3.营养成分标示方式对比

设计形式上，营养标签通常采用表格形式，列明每100克或每份的营养成分含量，以及对应的DV%。此外，标签上可能还包括营养声称，如"高钙""低糖"等，但这些声称必须基于严格的科学依据，并遵守相应的法规。例如，中国规定，声称"低糖"时，食品中的糖含量必须低于5g/100g或5g/100mL。此外，我国的营养标签在核心营养素标示方面采取了一种更加醒目的方式，这有助于消费者更清晰地了解食品的营养成分。而美国和加拿大在更新营养标签时，特别加大了食用分量和卡路里的字号，这也是为了让消费者更容易获取食品的热量信息，以应对体重超标等问题。

4.营养标签的适用范围

我国食品安全国家标准 GB 28050-2011 规定须强制标示营养标签产品范围为直接提供给消费者的预包装食品，该标准第7条规定下列预包装食品满足有关要求时可豁免强制标示营养标签：未经烹煮、未添加其他配料预包装的生鲜食品，酒精度不低于0.5%的酒类，包装总表面积不大于100平方厘米或最大表面面积不大于20平方厘米的食品，现场制作销售并可即时食用的现制现售食品，天然矿泉水、饮用纯净水及其他包装饮用水类，味精、食糖、香辛料等食用量每日不多于10g或10mL的食品。目前，日本除包装小的食品、饮料酒、营养含量较少茶等产品，加拿大除现制现售食品、饮料酒、咖啡、茶及调味料等产品，美国除未加工的农产品、咖啡及茶等产品，澳大利亚及新西兰除酒类食醋、食用盐、茶、咖啡等之外其他大部分食品均需要强制标示营养标签。

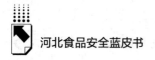

三　国内外食品营养标签制度管理

（一）美国

美国食品营养标签法律体系的发展经历了多个阶段，从 1973 年开始逐步规范到 1994 年的强制标准（见表 8）。最初，这些标签仅适用于特定食品，后来扩展到几乎所有食品类别。标签内容也从最初的基本要求逐步增加，包括必须标示的营养成分种类和数量，以及健康声称的规范。在食品营养标签的标示范围方面，起初是明确要求营养强化食品必须进行营养标签的标示，随后针对一般性食品的营养标签标示也相应制定出了管理方案。1984 年，FDA 规定在食品营养标签中必须标示钠的含量，且可自行选择是否标示钾的含量，之后又逐步增加，最终涵盖了 15 种标示内容。美国食品安全检验局（FSIS）明确规定加工肉类和禽类食品必须标示食品营养标签。同时，食品营养标签的标示内容也在逐步增加。2016 年，FDA 宣布了一项新的营养标签规则，旨在简化营养成分表的格式和信息。新的标签规定了更清晰的字体大小、营养信息的排序、单位的标准化，以及新增了对添加糖的要求，旨在使消费者更容易理解标签信息。2020 年，FDA 更新了营养成分表，新增了对添加糖、全谷物和膳食纤维的强制性要求，以帮助消费者做出更健康的选择。此外，该内容主要解释有关"双列"标签和分量问题，包括何时需要"双列"标签、"一份"的定义、如何确定食品中的分量，以及对于展示营养标签空间有限的小包装产品应如何标注标签信息。还允许小包装产品（如无糖口香糖）在简化的"营养成分"标签的底部注明"不是其他营养素的重要来源"的声明，不需要说明所有微量存在的营养素。

表8 美国食品营养标签法规的发展历程

部门	发布年份	法规内容
FDA	1973	营养强化食品必须标示营养标签,其他食品可自愿标示
	1975	自愿性要求营养标签生效
	1984	在营养标签中必须标示钠含量,自愿标示钾含量
	1990	发布《营养标签教育法案》,要求大部分预包装食品标示营养标签,统一计量单位和健康声称
	1993	发布一系列最终法规来实施《营养标签教育法案》,包括健康声称、营养含量声称等规定
FSIS	1994	法规规定加工肉类和禽类食品必须标示食品营养标签

美国对食品标签的要求非常严格,建立了严厉的惩罚性赔偿制度。该制度的实施对食品企业产生了巨大的警示作用,并使一些企业因未遵守这些法规而受到罚款或诉讼,不仅保护了消费者的权益,也维护了市场的公平竞争,确保所有食品的生产和销售符合高标准的质量和安全要求。例如,Kashi公司在其一些谷物条形包装上标注了"天然",但被控告含有基因改造成分,与其所声称的天然食品不符,为此付出巨大代价,支付了480万美元的赔偿。此外,他们还改进了产品标签,确保准确地标示产品的成分,并避免误导消费者。类似的,2016年,PepsiCo的子公司Naked Juice解决了因其产品在标签上宣称"不含添加糖"而引发的集体诉讼。控诉称,Naked Juice的产品中含有果糖浆,这与其无添加糖的声称相矛盾,最终该公司支付了280万美元的赔偿。美国的食品标签惩罚性赔偿制度通过具体的案例,向食品企业明确展示了法律的严格性和后果的严重性,强调了食品标签合规的重要性。

为此,美国还建立了食品营养标签召回制度,对于因营养标签问题而需要召回的食品,企业需采取补救措施后继续销售,但这要求补救措施对消费者有益,比如提供更准确的营养信息或提供补偿,以弥补标签错误可能给消费者造成的误导或健康风险。这类召回通常需要企业与监管机构密切合作,以确保所有相关消费者都能得到通知并采取适当行动。召回程序通常由

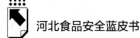

FDA 和其他相关监管机构主导。在实施召回后，监管机构会进行有效性检查，以验证企业是否已经采取了必要的措施，将缺陷食品的危害降至最低。这包括检查企业是否已经通知所有受影响的分销商和消费者，是否已经回收了所有问题产品，以及是否采取了防止类似问题再次发生的措施。只有在确认所有这些步骤已妥善执行且不存在对公众健康的持续风险后，监管机构才会宣布召回结束。这个过程旨在确保消费者能够得到准确的营养信息，并且在遇到标签错误可能导致的任何问题时，能够获得及时和适当的解决方案。通过这一制度，美国的食品安全监管体系能够在发现潜在风险时快速响应，保护公众健康。

（二）欧盟

欧盟的食品营养标签法律体系主要通过指南的方式进行规范和指导，如表 9 所示。欧盟在 1993 年通过了第一个关于食品营养标签的法规（No. 1924/1990），要求食品生产商在产品标签上提供能量和营养成分的含量数据。这是欧洲食品标签法规的初步阶段，旨在提高消费者的知情权和产品透明度。1997 年，欧洲议会和理事会发布了一项新的法规（Directive 93/43/EEC），对食品营养标签法规进行了重要修订。这一法规要求食品营养标签包含更多的营养信息，包括能量、脂肪、碳水化合物、蛋白质和钠的含量。此外，还首次引入了健康声称的概念，允许公司声称其产品可能对健康有益的某些特性。2006 年，欧盟公布了《关于营养成分表和营养声称的指南》［Regulation（EC）No 1924/2006］，该指南整合并更新了原有的法规，为食品营养标签提供了统一的标准框架，不仅对营养成分的标示进行了详细规定，还对健康声称的使用提供了指导原则。为了适应消费者对健康和营养信息日益增长的需求，以及全球食品营养标签标准的发展，欧盟在 2016 年对食品营养标签法规进行了全面修订［Regulation（EU）2016/42］，这次修订包括对部分营养成分标示的更新、对健康声称的更严格要求，以及对提高营养成分单位清晰度和准确性的规定。修订后的法规使营养标签更易于理解，同时鼓励食品行业提供更丰富、更准确的营养信息。2022 年，欧盟推出了新的营养信息标签，这是一种基于字母（A 到 E）的系统，用来快速评估食品的营养价值，帮助消费者做出更健康的选择。

表9 欧盟食品营养标签法规

发布年份	名称	内容
2006	《关于营养成分表和营养声称的指南》[Regulation（EC）No 1924/2006]	规定了营养成分表的格式、营养成分的定义、单位和必要标示的营养成分（如能量、脂肪、总碳水化合物、蛋白质、钠）。规定了健康声称的使用、标签语言、字体大小、对比度、数字和单位的使用
2006	《关于营养和健康声明的指南》[Regulation（EC）No 1925/2006]	规定了允许在食品标签和广告中使用的营养和健康声明
2011	《关于食品标签、包装和展示的一般原则》[Regulation（EC）No 116/2011]	提供了食品标签、包装和展示的一般原则和要求，包括食品名称、成分列表、生产日期、保质期、净含量等信息的标示要求
2016	《关于食品信息的法规》[Regulation（EU）2016/42]	引入了更详细的营养成分标示规定、健康声称的新规则，以及对标签使用的规定
2022	《关于食品营养信息标签的法律草案》（Nutri-Score 法）	这是对既有营养标签法规的补充，也是欧洲首个基于字母评级系统的营养标签，通过 A 到 E 的字母来表示食品的营养质量，从最健康到最不健康

　　欧盟对食品营养标签的管理采用了分层次结构，以确保食品安全和消费者权益得到全面保护。健康和消费者保护总局（DGHC）作为欧盟委员会的组成部分，负责管理整个欧盟的食品安全政策，包括食品营养标签的制定和监管。DGHC 制定统一的食品安全标准和法规，确保所有成员国在食品营养标签的使用上遵循一套共同的准则。欧盟食品安全管理局（EFSA）负责收集、分析和发布与食品安全相关的信息，包括食品成分、健康影响和风险评估，为欧盟和各成员国提供技术支持。欧盟食品营养标签的立法程序遵循欧盟的法律制定规则。在执行层面，各成员国根据自身具体情况，如消费习惯、市场特点等，制定并实施相应的执行措施，以适应本地需求。此外，欧盟建立了食品和饲料快速预警系统（见表10），这是一个关键的信息共享平

台，旨在迅速识别和应对食品安全风险，通过各成员国的参与，确保信息能快速地在欧盟内部传播，包括成员国、欧盟食品安全管理局等。目前，欧盟理事会公布警告通报和信息通报的频率为每周一次，这确保了信息的及时性和透明度，有助于成员国迅速响应和采取必要措施，防止食品安全问题的进一步扩散。

表10　欧盟食品和饲料快速预警系统

系统运作	内容
信息收集与通报	初级通报：当任何成员国的食品安全机构发现食品或饲料可能存在安全风险时，他们将迅速向欧盟快速预警系统通报信息。这类通报通常基于监测、投诉、召回或与其他国家合作中获得的信息。 次级通报：系统接收到初级通报后，会向所有成员国发布警告或信息通报，确保所有相关实体都能获取潜在风险的详细信息
信息处理	该系统中的信息处理包括详细记录、评估风险等级、分析风险来源、制定应对措施等。系统还支持实时追踪风险信息的状态，涉及从初始通报到最终风险解决的全过程
跨部门合作	该系统不仅在成员国之间发挥作用，还与欧盟食品安全管理局和欧盟委员会紧密合作，确保科学依据和政策指导的有效传达
快速响应	一旦有风险通报，系统会立即启动，协调行动以采取必要的预防措施或召回产品
信息更新与共享	系统持续更新信息，保持所有参与者对最新情况的了解。欧盟理事会通过每周一次的信息通报流程，确保所有成员国和地区及时获取最新的风险信息

（三）日本

日本的食品营养标签法规发展历程可以追溯到20世纪中叶，《食品卫生法》的发布实施为食品营养标签的基本要求奠定了法律基础。1988年，《食品营养成分标准》详细规定了各种食品的营养成分标准，包括能量、蛋白质、脂肪、碳水化合物、钠等的基本要求，这是日本营养标签制度的重要起步。《食品营养成分标识法》的发布实施，进一步明确了食品营养标签上必须包含的营养成分标识，要求食品生产商必须在标签上清晰、准确地标注各种营养成分的含量。2008年日本对该法规进行进一步修订，详细规定了营养成分表的格式和标注要求，包括每 100 克或每份食品中的营养成分含量，以及使用百分比或每日推荐摄入量（RDI）的形式表示。2018 年，日本政府对《食品营养成分标识法》又进行了修订，要求食品生产商必须在包装上清楚地标出每 100 克或每份食品中的营养成分含量，以及提供每份食品中主要营养成分的百分比含量，同时也强调了对婴幼儿食品、特殊营养食品等特定类别食品的标识要求。通过这一系列法规的制定和修订，日本政府逐步建立了较为完善的食品营养标签管理体系。

（四）加拿大

1980 年，加拿大开始制定食品标签法规，以统一标签内容，增强信息的一致性。1992 年，《食品标签法》的出台标志着这一进程的正式开始，要求所有食品均需提供全面的营养信息，覆盖能量、脂肪、胆固醇、钠、碳水化合物、糖、膳食纤维、蛋白质等基本成分，并首次引入了每日推荐摄入量的概念。进入 20 世纪 90 年代中期，法规进一步细化，增加了对食品营养成分描述的要求，并在 1994 年明确了营养成分相对于每日推荐摄入量的比例标识。2002 年，加拿大卫生部发布指导原则，对营养成分的标注进行了更加严格的规范，特别是强调了对糖、钠和反式脂肪的标注。此后，法规持续升级，对糖、钠、反式脂肪的标注更为严格，并限制了健康声称的使用，同时鼓励标注维生素和矿物质含量以及标识全谷物和高纤维食品。自 2016 年起，加拿大政府启动了对食品标签法规的全面审查，以期在保持法规的灵活性与实用性之间找到平衡，同时关注食品的环境影响以及未来数字技术的融入，旨在为消费者提供更清晰、更准确、更易于理解的营养信息，从而促进健康饮食习惯的形成。这一系列法规的修订与完善，体现了加拿大政府对食品安全与消费者健康的持续关注与负责任的政策导向。

加拿大政府在确保食品生产商遵守营养标签法规方面采取了全方位的措施。一是有专门的政府部门如加拿大食品检验局（CFIA）负责对食品标签进行定期检查和监督，对发现的违规行为进行调查并采取相应的执法措施。

二是加拿大《食品和药品法》规定了相关的罚款制度，违规企业最高可被处以 100 万加元的罚款，且相关责任人可能面临牢狱之灾，严重违规或屡次违规的企业还可能面临吊销营业执照的处罚。此外，监管部门还可以要求企业立即停止销售违规产品、进行产品召回或重新标签。三是为了鼓励企业自主合规，政府提供了指南和培训，并对主动合规的企业给予奖励和实施激励政策。首先，加拿大政府实施了税收优惠政策，对积极投入资金改善营养标签合规性的企业给予相关的税收减免或抵免优惠。其次，在采购过程中，政府会优先采购营养标签合规性良好的企业产品，这种"绿色采购"的政策也激励企业不断改善营养标签管理，提高合规水平。再次，政府还会定期组织营养标签管理优秀企业的评选表彰活动，获得表彰的企业不仅能提升企业声誉，还可能获得一定的奖励资金支持。最后，对于营养标签合规性良好的企业，政府还在融资、贷款等方面给予其信用支持和担保，这有助于进一步降低企业的合规成本，提高其合规积极性。通过实施这些具有针对性的激励政策，加拿大政府希望进一步鼓励企业主动采取措施来改善营养标签管理，促进整个行业的合规水平不断提升。

（五）中国

我国食品营养标签制度主要由食品标签通则和食品营养标签通则两类法规或标准构成。

1. 我国食品营养标签制度发展阶段

（1）食品标签制度起步阶段（1983~1987 年）

1983 年，《中华人民共和国食品卫生法（试行）》开始实施，该法律首次对食品标签的标示作了相关规定。这是我国正式把食品管理纳入法制范围，食品安全法制体系由此开始建立。1987 年，国家标准局发布《食品标签通用标准》（GB 7718-1987），该标准首次提出可自标示热量、营养素含量。随后我国又发布了婴幼儿食品标准，并对食品标签中的营养成分、健康声明标示等内容作了细致规定。这一阶段相关法律法规和国家标准的颁布，为后续制度的进一步健全奠定了基础。

（2）食品营养标签制度初步形成阶段（1992~1994年）

20世纪90年代，我国主要颁布了两项国家标准，即《特殊营养食品标签》（GB 13432-1992）和重新修订的《食品标签通用标准》（GB 7718-1994），要求特殊营养食品必须标示热量和营养素含量，这是我国首次对特殊营养食品的标签内容作出强制规定。GB 7718-1994对食品标签通用标准进行了修订，在标签中增加了类似于"如标示热量、营养素含量，可参照《特殊营养食品标签》"等内容的要求。这些标准的发布进一步规范了食品标签的内容，提高了食品标签的准确性和可读性，有利于消费者更好地了解食品的营养信息。

（3）食品营养标签制度稳步发展阶段（2001~2007年）

21世纪初期，我国食品营养标签制度取得了重大发展。不仅丰富了食品营养标签的标示内容，还发布了相关管理规范文件。其中，《预包装食品标签通则》（GB 7718-2004）提高了对能量和营养素含量的标示要求；《预包装特殊膳食用食品标签通则》（GB 13432-2004）增加了食品营养标签的标示内容，并对营养声称作出了规定。此外，国家质检总局还公布了《食品标识管理规定》，明确了食品标签的标示要求和未合理标示的法律责任。2007年，卫生部发布了《食品营养标签管理规范》（卫监督发〔2007〕300号），开始加强对食品营养标签的管理。该规范并不强制企业标示食品营养标签，仅作为企业标示营养标签的指导性文件。自此，我国食品营养标签制度得到了建立和完善。

（4）食品营养标签制度迅速发展阶段（2009年至今）

2009年，《中华人民共和国食品安全法》的颁布为我国食品安全法律政策和管理体制带来了重大发展机遇。这项法律规定了食品安全标准的内容，并将食品营养标签纳入其中，标志着食品营养标签正式进入了我国的食品安全法制范围。2011年，卫生部将《食品营养标签管理规范》修订为《预包装食品营养标签通则》，自2013年1月1日开始实施。而2015年新修订的《中华人民共和国食品安全法》再次强化了食品营养标签标准。此外，2015年3月15日，国家食品药品监督管理总局发布了《食品召回管理办法》，对于食品标签问题引发的风险可进行三级召回程序。这些变化和修订的连续推出，为我国食品安全法律体系奠定了基础。我国逐步形成了以《中华人民共和国食品安全法》等法律和行政法规为核心，以地方性法规、部门规章和规范性文件为补充的完善的食品营养标签法律体系。

2. 我国食品营养标签标示现状

食品安全国家标准 GB 28050-2011 规定，预包装食品的营养标签需要标示"1+4"的含量值及其 NRV%。但在实际执行过程中，由于不同食品存在不同特性，以及对标准理解不准确，预包装食品标签仍然存在一些问题。

（1）预包装食品营养标签常见问题

首先，对于豁免强制标示营养标签的预包装食品，如果其标签上出现了任何其他营养信息，例如配料中添加了营养强化剂、氢化植物油，或者有营养声称、功能声称等，就应当按照营养标签标准的要求强制标注营养标签。比如，低钠天然矿泉水的包装饮用水虽在豁免范围，但"低钠"属于营养声称，所以该产品必须标示营养标签。还有，酒精度低于 0.5% 的饮料酒，像无醇啤酒这类酒类产品，也应强制标示营养标签。其次，营养成分表不规范的问题也时有发生。在格式方面，可能出现不符合国家标准的情况，如营养成分的排列顺序错误，字体的大小、间距不符合要求和营养成分单位未按规定标示等，比如维生素 B_1 必须标示为 0.10 mg 而不能标示为 0.1 mg。此外，当营养成分表中含有能量和核心营养素以外的其他成分时，能量及核心营养素应醒目标示。最后，标示不齐全的现象也值得关注。有些食品没有涵盖国家规定必须标注的所有营养成分，导致某些重要的营养素被遗漏。同时，对于可能引起过敏的成分，部分产品也未能进行明确标注。

营养成分的含量通过直接检测或间接计算获取，数据标注错误主要有以下情形：一是以植物源性或动物源性为主要原料的食品，因受季节、产地等影响营养成分含量有差异，确定此类产品营养成分含量时应增加检测批次和产品代表性，如蛋白质检测数值不能小于标示值的 80%，因此可适当调低蛋白质标示值；二是营养成分表中蛋白质、脂肪、碳水化合物含量应根据实际检测值调整标示值确保三者之和不超过 100%；三是能量标示错误，计算能量时产能营养素需要乘以相应的能量系数，其中碳水化合物应根据具体来源使用相应能量系数；四是营养成分含量未按可食部分标示，对于含非可食部分的食品应去除后标示可食部分的营养成分含量及能量，如核桃、花生等。

国内外对于营养标签强制性标示的内容存在显著差异。在进口食品或者具有中外文标签的食品中，当原外文营养信息的标示与我国的营养标签要求不相符合时，应当严格依照我国强制要求标示的内容来标注中文营养标签。倘若原外文营养标签和中文营养标签存在不一致的情况，为避免混淆和误导，建议完全覆盖原外文营养标签信息，以中文营养标签为准。此外，在营养标签的标示过程中，若同时使用对应的外文，那么其字号不可以大于中文字号。例如，外文"low sugar"的字号不得大于中文"低糖"的字号，以确保中文信息的醒目和突出，保障消费者能够清晰、准确地获取关键的营养标签信息。

（2）食品营养标签制度存在的问题

我国食品营养标签法律体系尽管持续发展与完善，然而仍存在若干显著的缺陷。第一，在法律规定的细化程度方面存在不足。对于部分特殊食品或者新涌现的食品种类，有关营养标签的规定缺乏足够的具体性和明确性，致使在实际操作过程中可能存在模糊不清的区域。并且，针对营养成分的含量计算以及检测方式等技术细节，缺少详尽且统一的标准，这容易导致不同检测机构或者企业得出的结果存在差异。第二，监管执行的力度需要进一步加大。第三，与国际标准的衔接不够紧密。随着全球化进程的推进，食品贸易愈发频繁，然而我国食品营养标签法律体系在某些方面与国际主流标准存在差异，这可能增加进出口食品的合规成本，对国际贸易的顺利开展产生影响。第四，在对消费者的教育和宣传方面存在不足。虽然法律要求食品标注营养标签，但是消费者对食品营养标签的认知和理解程度普遍较低。而法律体系中对于怎样开展有效的消费者教育和宣传缺乏清晰明确的规定与支持，导致消费者难以充分利用营养标签做出有益于健康的食品选择。第五，对食品营养声称和功能声称的管理效果欠佳。部分食品存在夸大或者虚假的营养

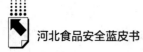

声称和功能声称，从而对消费者产生误导。相关法律法规在对这类声称的审批、监管以及处罚等方面依然存在漏洞，亟待进一步完善。第六，适应新技术和新需求的能力存在不足。随着食品加工技术的不断创新，基因编辑食品、植物基食品等新兴食品出现，现有的营养标签法律体系可能无法及时且有效地涵盖和规范这些新兴食品。第七，对小型企业和农村地区食品生产的针对性支持力度不够。小型企业可能因为技术和资金的限制，在执行营养标签法规时遭遇较大的困难。农村地区生产的一些传统食品可能缺乏规范的营养标签标注，而法律在这方面的引导和帮扶措施相对较少。综上所述，我国食品营养标签法律体系需要在细化规定、加强监管、与国际接轨、消费者教育和宣传、声称管理、适应新技术以及对特定群体的支持等诸多方面进一步改进和优化，以更好地保障公众的健康和权益。

四 完善我国食品营养标签制度的对策建议

（一）国外食品营养标签制度经验借鉴

国外食品营养标签制度在设计、执行和监管上积累了许多宝贵经验，值得我们借鉴和学习。以下是一些关键经验。

1. 标准化和国际化

美国、加拿大、澳大利亚、新西兰、欧盟等国家和地区有标准化的食品营养标签系统，这些系统基于国际食品法典委员会的标准。标准化的营养标签系统确保了全球范围内食品营养信息的一致性，提高了信息的可比性和透明度，有助于跨国贸易，减少全球食品市场的壁垒。

2. 标签内容的全面性

发达国家的营养标签通常包含多种信息，如能量、脂肪、饱和脂肪、胆固醇、糖、盐、蛋白质等营养成分的含量。此外，一些国家还要求标注更多种类的营养素，包括糖分、膳食纤维以及一些微量营养素如叶酸、维生素和矿物质等，这有助于消费者更全面地了解食品的营养构成。例如，2016 年，美国FDA对营养标签进行了重大修订，引入了每份食品中的添加糖含量、更新了营养成分的每日推荐摄入量，并简化了"每份食品"的定义，以提高标签的可读性和信息的准确性。此外，美国的标签制度还考虑到环境影响，在2020年引入了"环境影响"标签，鼓励消费者选择对环境影响较小的产品。

3. 直观易懂的设计

为了提高消费者对食品营养标签的使用率，许多国家设计了易于理解的食品营养标签。例如，美国的食品营养标签采用"营养事实"表和"营养信息"框，同时还通过颜色编码系统突出关键信息。英国用红、黄、绿三种颜色来直观地表示食品中某些关键营养素（如脂肪、糖、盐）的含量是高、中还是低，使其标签既科学又具有可读性，促使消费者能快速做出判断。欧盟还规定了标签设计的规范，如字体大小、颜色和排列方式，以确保信息的清晰可读。

4. 监管与执法力度较大

发达国家在食品营养标签的监管上有严格的法律和执行机制。例如，美国食品药品监督管理局对营养标签的准确性、合规性有明确的规定和严格的执法。1990年，美国通过了《食品、农业与农村法案》中的《营养标签教育法案》，此后，随着社会需求的变化和科学技术的进步，该法案经过多次修订和补充，形成了当前的《营养事实标签法》。专门性的法律不仅为食品营养标签的制定提供了法律依据，还确保了法规的稳定性和持续性，能够随着科学发现和消费者需求的变化而进行调整和优化。欧盟对食品营养标签管理是重预防，即事先控制。欧盟最早引入"从农场到餐桌"的概念，强调对食品生产的全方位连续管理，欧盟建立了对食品生产环境、生产、加工、包装进行实地考察的制度，保证将所有的环节置于政府的管理之下。欧盟还建立了严格的出厂登记制度，必须对出厂食品进行严格全面的登记，一旦发现食品营养标签有问题，可以对出厂登记进行查询。

5. 企业责任与市场激励

发达国家鼓励食品企业承担社会责任，通过提供更健康、更透明的食品标签来吸引消费者。在美国食品营养标签制度中，企业必须按照法律法规要求，精确地在食品包装上标注食品的热量、脂肪、蛋白质、碳水化合物、维生素、矿物质等营养成分的含量。此外，美国政府对于那些能够持续提供准确且易于理解的营养标签的企业，会给予一定的政策支持。

（二）完善我国食品营养标签制度的具体措施

1. 标签内容的完善

根据《食品安全国家标准　预包装食品营养标签通则》中的营养标签格式，大多企业往往倾向于选择信息标示最少的格式，导致关键营养信息如糖和胆固醇的缺失。当前，将糖与碳水化合物一同标示，由于膳食中碳水化合物提供的能量占总能量的60%，而糖是包含在碳水化合物栏目中进行信息披露的，所以即使糖的摄入严重超标，摄入的碳水化合物的营养素参考值百分比仍符合标准，甚至数值很低。这种标示方式会导致消费者更多地摄入糖，从而提高肥胖、患糖尿病等健康风险。为解决这一问题，建议将糖含量纳入强制性披露范围，控制糖的摄入。世界卫生组织建议成年人和儿童将糖摄入量保持在总能量摄入的10%以下，进一步降至5%以下或每天摄入不超过25克，更有利于健康。这一目标的实现需要改变糖含量披露的随意性，建议以25克为标准计算糖的营养素参考值百分比（NRV%），并将其列入强制标示范围。这一标准与国际惯例相一致，有助于消费者清晰了解糖的摄入量，促进形成健康饮食习惯。通过明确标示与教育相结合，以及法规与指导的优化，显著提高公众对糖摄入量的意识，促进食品行业的健康发展，从而更好地保障公众健康。

近年来，研究表明工业制造的反式脂肪酸对人体健康存在显著危害，减少其摄入量可有效降低心血管疾病发病率。全球多个国家和地区开始限制或逐步禁止反式脂肪酸在食品中的使用。例如，美国食品药品监督管理局已经要求从食品中去除所有氢化油，欧盟则规定食品中反式脂肪酸含量不得超过脂肪总含量的2%。我国食品营养标签管理中，对于反式脂肪酸的处理方式尚存在不足，主要表现在缺乏明确的摄入标准和最高含量限制。尽管《食

品安全国家标准 预包装食品营养标签通则》要求披露反式脂肪酸含量，但未设定含量限制标准，导致在食品标签上仅作出披露要求，缺乏具体的管理措施。鉴于反式脂肪酸对人体健康的潜在风险，建议我国在食品营养标签法规中，明确规定反式脂肪酸的最高含量，并逐步降低这一标准，直至在条件成熟时完全禁止食品中含有人工制造的反式脂肪酸。同时，对于反式脂肪酸的标示不应采用低于 0.3 克时标记为"0"或"无或不含反式脂肪酸"的做法，而应根据实际含量进行精确标注，以确保消费者充分了解食品的健康影响。

2. 增强标签的可读性和易理解性

根据食品的健康指数，如糖分、脂肪含量等，使用图表、颜色编码等图形化手段，为消费者提供易于理解的评级系统。欧洲使用最普遍的是 Nutri-Score 营养等级标签，它于 2017 年被法国官方认可。此后，比利时、西班牙、德国、荷兰、卢森堡和瑞士相继采用了 Nutri-Score 营养等级标签制度。该制度使用字母和颜色来表示食品的营养价值，从 A（绿色，最健康）到 E（红色，最不健康）。这种简单易懂的评分制度帮助消费者快速评估食品的整体健康程度。澳大利亚和新西兰采用了一种称为 Health Star Rating（健康星级评定）的制度。该制度使用星级来表示食品的整体营养价值，从 0.5 星到 5 星。消费者可以通过这个星级评定系统迅速判断食品的相对健康程度。智利实施了一种称为 Nutrient Warning（营养警示）的标签制度。该制度在食品包装上使用黑色标签，警示消费者食品中高含量的能量、饱和脂肪、糖和钠等营养成分。瑞典采用了一种称为 Keyhole 标志的制度。这个标志用于标识符合一定营养标准的食品，通过简化信息、使用更易于理解的信号和标识，帮助消费者快速判断食品的健康程度。新加坡卫生部要求售卖高糖分和反式脂肪含量较高的饮料的商家，在实体和电子菜单中标出糖分和反式脂肪含量较高饮料的营养等级，类似"红绿灯"的营养等级标签。根据每 100 mL 的糖含量分为 A 至 D 四个等级，A 级饮料的糖含量为 0 糖 0 脂肪，B 级含糖量 1~5 克，C 级含糖量 5~10 克，含糖量最高的 D 级饮料的糖含量超过 10 克。C 级和 D 级饮料必须在包装正面标明其等级和含糖量，D 级饮

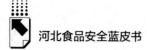

料禁止打任何宣传广告。加拿大卫生部发布了《食品药品条例》修订条例，规定大多数含有引起公众健康问题的营养素（饱和脂肪、糖、钠）的预包装食品，在超过指定阈值时，必须在包装正面贴上标签，标签上会用黑色放大镜图案突出显示"高饱和脂肪""高糖""高钠"等信息。目前，阿根廷、巴西、智利等已经实施了"预包装食品正面营养警告标签"措施，在食品包装正面印上带文字说明的八角形图标，表明食物含有过量糖、过量脂肪、过量钠和过量卡路里等，以方便消费者进行决定，这对糖尿病、高血压、肥胖症患者等需要注意食品中营养成分的人群而言十分有益。鉴于国外这些成功的案例，中国香港特别行政区政府也推行了"自愿性营养标签制度"，鼓励食品生产商在包装上标明食品的营养成分，一些食品包装上可能会使用类似勺子或杯子的图标来表示糖分或脂肪含量。

针对特定人群，我国在食品营养标签上还需要给予更为专业、个性化的饮食建议，以满足其特殊营养需求、形成健康饮食观念，从而保障饮食安全、优化食品市场，促进食品行业健康发展和国民健康水平提升。例如，美国在食品标签上就会明确标注碳水化合物的含量，其中还涵盖总碳水化合物、膳食纤维以及糖的分量，且有可能提供血糖生成指数（GI）和血糖负荷（GL）的相关信息。举例来讲，某些食品包装上会注明"适合糖尿病患者食用"，并于营养成分表中突出展现低糖、高纤维的特性。另外，部分孕妇食品的标签除了常规的营养成分，还会标注叶酸、铁、钙等对孕妇和胎儿发育极其重要的营养素含量，并提供有关孕期不同阶段营养需求的简要阐释，如建议孕妇在特定阶段增加蛋白质或特定维生素的摄入量。除此之外，美国食品标签还会清晰地罗列可能的过敏原，如花生、牛奶、麸质等，运用醒目的字体和特殊标识对过敏人群加以提醒。欧盟对于儿童食品的营养标签，除了要求必须明确标注能量、蛋白质、脂肪、碳水化合物、糖、盐等的含量，针对高糖、高盐、高脂肪的食品，还会设有特别的警示标识。例如，一些儿童零食包装上会有"过度食用可能有害健康"的提示，并提供每日推荐摄入量的参考比例。相似地，针对老年人群，欧盟也规定在食品标签上需提供有关易消化、易咀嚼等特性的说明，同时对于富含钙、维生素 D

的食品要强调其预防骨质疏松的作用，以及富含维生素 B_{12} 以弥补老年人可能存在的吸收不足等功能。此外，某些食品标签也会特别注明是否为纯素食、蛋奶素食或其他素食类型，同时标明是否含有动物源性成分，便于素食者进行选择。对于特定人群食品，日本在食品标签方面也开展了类似的工作。具体而言，针对高血压患者，日本食品标签上会特别标注钠的含量，并给出低钠饮食的建议。比如，一些调味汁的包装上会注明"低盐配方，适合高血压患者"，同时在营养成分表中显著标出钠的含量。针对运动员的运动营养食品，其标签上会详尽列出蛋白质、氨基酸、肌酸等成分的含量，并提供关于运动前后食用时间和剂量的建议。而针对消化功能较弱人群，则会在食品标签上标明是否为易消化食品，是否富含益生元、益生菌等有助于肠道健康的成分。

我国当前的食品营养标签制度相对简单，主要要求提供基本的能量信息和营养要素信息，对进一步处理的信息未有明确要求。鉴于消费者对更详细信息的需求增长，有必要在现有基础上，通过设定警示标志和营养评分制度，提高标签信息的指导性和实用性，从而更好地促进消费者健康决策。首先，从设定警示标志开始，逐步过渡到包括更多营养信息的评分制度。评分制度应基于科学的设定，先作为选择性标示，待条件成熟再纳入强制性标示范围。其次，对于重要的营养信息，基于一定的标准和权重计算，得出一个综合的信号，以帮助消费者快速作出决策。这样的信号可以基于食品的整体营养价值，而不仅仅基于单个营养要素。最后，设定科学的食品营养评分制度，可考虑先设定为选择性标示，待条件成熟时将其纳入强制性标示范围。

3. 提升技术支持

（1）物联网技术

通过物联网技术，实时采集食品生产、加工、运输、销售等环节的数据并上传到中央数据库，实现对食品全过程的监控和管理。例如，在食品生产和加工过程中，传感器可以监测食品成分的变化，通过云平台将数据传输给人工智能系统，自动更新营养标签。利用人工智能的监控功能，及时发现食品营养标签中的错误或不准确信息，并通知相关部门进行纠正，有助于确保

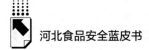

食品营养标签数据的准确性和完整性，提高营养标签的应用价值。

（2）大数据技术

运用大数据技术，对海量食品营养标签数据包括食品生产商、食品品种、营养成分等进行存储、分析和挖掘，发现食品营养之间的关联和规律，建立基于大数据的食品营养标签分析平台。消费者可以通过该平台查询食品的营养成分信息，了解食品的营养价值。

（3）人工智能技术

利用人工智能技术，如机器学习、深度学习等，对食品营养成分进行自动识别和分类，提高营养标签的准确性和效率。人工智能技术还可以用于开发智能语音助手、营养问答系统等应用，帮助消费者更便捷地获取营养信息。例如，通过光谱分析技术结合人工智能，可以快速准确地测定食品中的微量营养素含量，从而确保标签上的营养信息准确无误。借助人工智能的图像识别和模式识别能力，对食品的成分进行更细致的分类和评估。例如，能够区分不同来源的脂肪（如动物脂肪、植物脂肪），并准确计算其含量。此外，利用人工智能技术创建有趣、可互动的教育材料，如动画视频、游戏和虚拟体验，提高消费者对食品营养标签的兴趣和理解。

（4）区块链技术

区块链技术具有去中心化、不可篡改等特点，可以确保食品营养标签数据的真实性和安全性。通过将食品营养标签数据上链，实现数据的共享和追溯，提高食品营养标签的可信度。在食品包装上添加区块链二维码，消费者可以扫描二维码获取食品的生产、加工、运输、销售等各环节的信息，确保食品营养标签的真实性和安全性。同时，区块链技术还可以帮助企业提高产品质量，降低召回成本，提高客户信任度。

（5）图像识别技术

开发基于人工智能的图像识别技术，使消费者能够通过手机摄像头轻松扫描食品包装上的标签，获取更丰富、详细的营养信息。例如，除了基本的营养成分表，还可以获取食品的生产工艺、储存条件和食用建议等。用户只需用手机扫描食品包装上的条形码或标签图像，应用程序就会利用图像识别技术读取标签信息，并展示食品的详细营养分析、可能的过敏原提示以及与其他类似产品的比较，帮助消费者做出更明智的选择。

4. 加大监管力度

（1）加强法律法规建设

制定更为详细、全面且具有前瞻性的食品营养标签法律法规。明确规定各类食品标签上必须准确、清晰标注的营养成分种类、含量及计算方法，包括能量、蛋白质、脂肪（细分饱和脂肪、不饱和脂肪、反式脂肪）、碳水化合物、膳食纤维、维生素（如维生素A、B、C、D、E等）、矿物质（如钙、铁、锌、钾等），以及其他对人体健康有重要影响的成分（如抗氧化剂、植物化学物质等）。同时，对标注的格式、字体大小、颜色对比度等做出具体要求，确保消费者易于读取和理解。此外，法规应根据营养科学研究的最新成果和公众健康需求的变化，定期进行修订和更新。参考美国的《营养标签教育法案》，其不仅明确了食品标签的基本要素，还根据不断发展的科学研究，适时调整和增加标注内容，如对添加糖的标注要求，以适应社会对健康饮食认知的变化。

（2）加大执法检查频率

大幅增加对食品生产和销售企业的定期检查次数，将检查工作常态化。同时，根据市场动态和消费者反馈，不定期开展针对性抽查。检查内容涵盖从原材料采购、生产加工过程中的营养成分变化，到最终产品标签标注的准确性和完整性。借鉴英国食品标准局的做法，不仅对大型食品企业进行严格监管，还将监管触角延伸至中小食品生产作坊和零售商，对市场上的各类食品进行全面、频繁的抽检。通过这种高密度的执法检查，及时发现并纠正食品营养标签方面的问题，确保市场上的食品标签真实可靠。

（3）建立严格的处罚机制

对于故意虚假标注或未按规定标注营养成分的企业，制定并实施严厉的处罚措施。包括但不限于高额的经济罚款，罚款金额应足以对违规企业形成强大的威慑；责令召回问题产品，要求企业承担召回的全部费用，并对已销售的问题产品进行赔偿处理；情节严重的，吊销其生产许可证，禁止其在一定期限内从事食品生产经营活动。如在澳大利亚，企业违反食品营养标签规定，除面临巨额罚款外，还可能面临法律诉讼，相关责任人甚至可能承担刑事责任。这种严格的处罚体系有效遏制了企业的违规冲动，保障了食品营养标签制度的严肃性。

（4）强化监管人员培训

为监管人员提供系统、持续且深入的专业培训课程。培训内容应包括最新的营养科学知识、食品营养标签法规解读、检测技术和方法、数据分析与判断能力等。邀请国内外的专家学者进行授课，分享前沿的研究成果和实践经验。同时，定期组织监管人员进行实地考察和交流活动，学习其他地区先进的监管模式和技术手段。可以学习法国的经验，为监管人员制定完善的职业发展规划，激励他们不断提升自身专业素养，从而能够准确、高效地判断食品营养标签的合规性，为保障公众健康提供有力的支持。

（5）推动行业自律

鼓励食品行业协会根据国家的法规政策和行业发展需求，制定具有约束力的自律准则。准则应涵盖从生产源头到销售终端全过程的营养标签管理，包括原材料选择、生产工艺优化、标签设计与标注等方面。通过组织行业培训、经验分享会、优秀案例表彰等活动，引导企业树立正确的价值观和社会责任感，自觉遵守营养标签制度。例如，德国的食品行业协会在政府监管的基础上，通过制定严格的行业标准和内部监督机制，对会员企业进行规范和约束，促使企业在追求经济效益的同时，更加注重产品的营养品质和标签的真实性，推动整个行业的健康发展。

（6）加强公众监督和举报渠道

建立便捷、高效的公众举报平台，如专门的网站、App或热线电话，并确保这些渠道的信息透明度和反馈及时性。对举报属实的公众给予实质性奖励，如现金奖励、税收优惠或荣誉表彰等，以激发公众参与监督的积极性。如加拿大，政府积极宣传和推广公众监督的重要性，鼓励消费者对可疑的食品营养标签进行举报，并及时公开处理结果和反馈信息，形成社会共治的良好氛围，有效提升了食品营养标签制度的执行效果。

（7）建立追溯体系

要求食品企业建立完善的食品营养标签信息追溯系统，从原材料采购、生产加工、质量检测到市场销售的各个环节，详细记录食品营养成分的变化和标签标注的相关信息。通过信息化技术手段，如二维码、区块链等，实现食品营养标签数据的实时更新和可追溯性，便于在出现问题时能够快速、准确地查明原因和责任主体，及时采取召回、整改等措施，最大限度地减少对消费者健康的影响。日本在食品监管中建立了高度精细化的追溯机制，不仅保障了食品的质量和标签的真实性，还在应对食品安全突发事件时表现出高效的处置能力。

（8）开展监测和评估

定期组织专业机构和人员对市场上的食品营养标签情况进行全面监测和深入评估。监测范围应包括不同类型、不同品牌、不同销售渠道的食品，评估指标涵盖标签标注的合规率、准确性、完整性以及消费者对标签的理解和使用情况等。及时发现问题和不足之处，并结合国内外最新的研究成果和实践经验，调整和优化监管策略。例如，定期发布食品营养标签监测报告，向社会公开监管成果和存在的问题，接受公众监督，形成监管部门、企业和社会公众三方互动的良好局面，共同推动食品营养标签制度的不断完善。

5. 深化国际合作

（1）开展国际交流与合作研究

积极参与世界卫生组织、国际食品法典委员会等国际权威组织以及相关专业学术机构举办的国际会议、研讨会和论坛。定期组织专家学者和相关部门工作人员参与这些活动，与其他国家的同行深入交流，分享在食品营养标签制度实施过程中的经验教训、创新举措和面临的挑战。共同设立合作研究项目，针对食品营养标签制度中的关键问题，如营养素的科学定义与度量、特殊人群的营养需求标识、新型食品的标签规范等，开展联合研究，充分利用各国的科研资源和专业知识，共同探索解决方案。

（2）借鉴国际标准和法规

深入研究国际食品法典委员会等国际组织制定的关于食品营养标签的标

准和法规，包括其对各类营养素的标识要求、允许的误差范围、标签格式和内容的规定等。组织专业团队对这些国际标准和法规进行详细的对比分析，找出与中国国情和食品产业特点的契合点与差异之处。在制定和修订中国食品营养标签标准和法规时，充分考虑国际标准的科学性和先进性，合理吸纳其中适合中国的部分。例如，对于一些国际上普遍认可的营养素度量方法和标识规范，可以直接引入；对于一些存在地域差异的内容，如某些食品的特色营养素或特定人群的营养需求标识，可以在遵循国际原则的基础上进行本土化调整。

（3）建立国际合作机制

双边方面，与欧美、日韩等在食品营养标签领域较为成熟的国家和地区建立双边合作机制。多边方面，积极参与由国际组织发起的食品营养标签相关的多边合作项目，与多个国家共同探讨全球性的食品营养标签问题，如跨境食品的标签统一规范、营养标签在应对全球公共卫生挑战（如肥胖、营养不良）中的作用等。

（4）加强国际协调与互认

积极参与国际组织主导的协调会议和工作组，推动各国在食品营养标签制度的基本原则、核心要素和关键指标上达成共识。与主要贸易伙伴国开展双边谈判，就相互认可食品营养标签制度进行协商，建立互认机制。对于符合双方认可标准的食品，在贸易中减少重复检测和认证环节，提高通关效率。同时，建立信息通报机制，及时向贸易伙伴国通报本国食品营养标签制度的调整和变化，确保双方在制度上的持续协调与互认。

五 结论

本文通过对国内外食品营养标签的现状及管理策略的深入剖析，清晰且全面地呈现了我国在食品营养标签制度领域的发展脉络以及现存的诸多问题。为实现我国食品营养标签制度的优化与完善，需积极借鉴国外的成熟经验，并切实推行一系列有效的具体举措。通过加强国际合作、完善法律法规、强化企业责任、提高消费者教育水平和加大监管力度等管理对策的实施，有望进一步提升食品营养标签的质量和有效性，更好地服务于消费者和食品行业的发展。在未来的发展中，应不断探索和创新，推动食品营养标签体系的持续完善，提升我国食品营养标签的质量和管理水准，有力保障消费者的合法权益，为食品行业营造健康、规范、有序的发展环境，推动其实现可持续的良性发展。

B.11
2023年河北省食品安全群众
满意度调查报告

河北省市场监督管理局

摘　要：　河北省市场监督管理局委托第三方调查机构开展2023年河北省食品安全群众满意度问卷调查工作并形成了本报告。调查结果显示，2023年河北省食品安全群众满意度得分为83.97分，较2022年调查结果（83.78分）提升了0.19分。在具体工作评价上，政府及相关部门监管工作和主要食品种类安全监管工作成效突出，群众满意度较高，食品经营场所和食品安全科普工作有待进一步加强。

关键词：　食品安全　群众满意度　河北

一　调查背景

党的十八大以来，国家的食品安全工作取得了积极进展，做到了"用最严谨的标准、最严格的监管、最严厉的处罚、最严肃的问责，确保广大人民群众'舌尖上的安全'"。

中共中央办公厅、国务院办公厅在2019年印发《地方党政领导干部食品安全责任制规定》，提出实行地方党政领导干部食品安全工作责任制，将食品安全工作纳入地方党政领导干部政绩考核内容，地方各级党委和政府应当充分发挥评议考核"指挥棒"作用，推动地方党政领导干部落实食品安全工作责任。

2023年，河北省人民政府和省市场监督管理局在食品安全方面落地多项举措，以提高群众食品安全满意度为核心，多方向齐发力，不断提升全省食品安全程度。

首先，不断完善重点领域食品安全管理制度，先后发布《河北省食品小作坊登记管理办法》《食品经营许可和备案管理办法》《食用农产品市场销售质量安全监督管理办法》等相关政策法规，从制度上不断完善对生产、销售等重点领域的管理。

其次，保证食品安全持续检查监管，通过抽检、反馈等方式定期向社会公示违法、违规食品安全事件以及相关举措，河北省市场监督管理局深入开展民生领域案件查办"铁拳"行动，严查食品等民生领域 12 类违法行为，持续对社会公开公示查处的食品安全典型案例和处罚结果，对违规违法企业和行为形成威慑。

同时，河北省市场监督管理局开展多项重点领域食品安全相关活动，传递食品安全相关知识，如"婴幼儿配方乳粉和特殊医学用途配方食品销售行业质量安全守护行动"、"儿童用品安全主题宣传活动"、"食品安全'你点我检，服务惠民生'活动"、食品安全宣传周活动等，促进营造政群共治的食品安全管理氛围。

食品安全保障是一项长期持续的工程，当前食品安全仍是群众重点关注的民生领域主要问题，也是群众反馈的重点问题。2023 年第三季度，河北省市场监管系统共接收消费者投诉 122636 件，其中商品类投诉 85277 件，占投诉总量的 69.54%，商品类投诉中排在第 1 位的便是食品问题，共 9469 件，约占商品类投诉量的 11.10%，说明当前人民群众对食品安全关注程度在不断提高，群众维权意识不断增强，但也反映出社会食品安全程度与群众期望还有一定差距，对于政府及相关部门而言，食品安全工作任务依然艰巨，是一项需要长期投入、持续优化、不断提升的工作。

为了解食品安全工作成果及全省群众食品安全满意度现状，发现当前食品安全存在的主要问题和群众主要诉求，河北省市场监督管理局委托第三方调查机构，开展全省食品安全群众满意度调查工作，通过科学、合理的组织工作和专业分析，获取食品安全群众满意度的真实数据和信息。

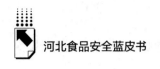

二　调查目的和意义

（一）项目目的

（1）了解当前河北省食品安全群众满意度评价结果，重点了解全省食品安全改善情况，获取群众对食品品类、食品销售渠道等重点指标的满意度评价。

（2）了解河北省各地政府当前食品安全监管工作成效，了解各地群众对当地政府食品安全重点问题、领域监管和社会监督工作的满意度评价。

（3）了解河北省群众食品安全的行为习惯和评价，评估各地食品安全科普宣传工作效果，以及群众对当地创建食品安全示范城市工作的知晓率和支持率。

（4）收集食品安全民情民意，对群众关心的食品安全问题、原因认知、保障措施诉求等进行了解，并针对性地提出意见和建议。

（二）项目意义

开展食品安全群众满意度调查，对提高河北省食品安全水平有重要意义。

一是了解食品安全现状，评估工作成效。通过对群众满意度调查数据结果的分析，评估全省食品安全工作成效，形成对全省食品安全变化趋势的量化概念。

二是发现短板不足，确定重点方向。通过各指标满意度得分水平和群众对当前存在问题的认知，发现当前食品安全工作中存在的不足。

三是明确群众诉求，提高工作效率。通过群众在食品安全举措上的具体诉求和意见，明确食品安全工作的重点工作方向，对群众关注度和诉求较高的方面重点施政，具体工作有的放矢。

四是为各级政府及监管部门为食品安全施政提供依据。食品安全满意度调查的结果可作为政府监管部门确定重点管理方向的参考依据。

三　组织原则

在食品安全满意度调查的过程中应本着科学性、公正性、公开性、指导性的原则。

（一）科学性

调查过程应该符合市场、民意和社会调查行业的标准和操作规范，确保科学、准确，不得弄虚作假。

（二）公正性

调查机构和调查实施机构应该严守评价与管理工作纪律，客观公正，保证结果公正有效。

（三）公开性

满意度调查的结果和报告应当公开发布，接受社会评议。

（四）指导性

食品安全满意度调查的结果可作为政府监管部门查漏补缺、完善工作的参考依据，各相关政府部门可根据调查结果开展进一步研究，回应公众诉求。

四　调查依据

为保障项目的科学合理，本次调查在调查形式、调查内容和执行规范上参考多项规范文件，包括：

（1）《2023 年食品安全群众满意度调查工作操作技术指南》；

（2）《中华人民共和国食品安全法》及其实施条例；

（3）《中华人民共和国农产品质量安全法》；

（4）国家有关食品安全示范城市创建、评审及满意度测评工作要求等文件；

（5）GB/T 21664-2008《工作抽样方法》；

（6）GB/T 19039-2009《顾客满意测评通则》；

（7）GB/T 37273-2018《公共服务效果测评通则》；

（8）GB/T 31174-2014《国民休闲满意度调查与评价》；

（9）GB/T 26315-2010《市场、民意和社会调查 术语》；

（10）GB/T 19038-2009《顾客满意测评模型和方法指南》；

（11）SB/T 10409-2007《商业服务业顾客满意度测评规范》；

（12）GB/T 26316-2010《市场、民意和社会调查服务要求》；

（13）GB/Z 27907-2011《质量管理 顾客满意 监视和测量指南》；

（14）GB/T 19010-2021《质量管理 顾客满意 组织行为规范指南》；

（15）GB/T 19012-2019《质量管理 顾客满意 组织处理投诉指南》；

（16）GB/T 19013-2009《质量管理 顾客满意 组织外部争议解决指南》；

（17）GB/T 4891-1985《为估计批（或过程）平均质量选择样本量的方法》；

（18）GB/T 19018-2017《质量管理顾客满意企业-消费者电子商务交易指南》；

（19）GB/T 24438.3-2012《自然灾害灾情统计第 3 部分：分层随机抽样统计方法》；

（20）《问卷设计手册-市场研究、民意调查、社会调查、健康调查指南》。

五　调查技术说明

（一）调查范围

为保障调查结果的全面性、精准性，本次调查在全省范围内进行，全面覆盖 11 个设区市、2 个省直管市和雄安新区。

（二）调查对象

1. 调查对象界定

本次调查选取的调查对象为各地常驻居民（连续居住 6 个月以上），年龄在 18~70 周岁，且能够准确理解调查问卷内容，能够顺畅、有效回答问卷问题。

2. 调查对象分布及特征

（1）性别分布

本次调查男性受访者占 59.19%，女性受访者占 40.81%（见图 1）。

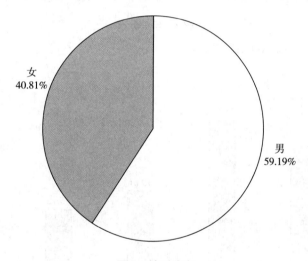

图 1　性别分布

资料来源：河北省市场监督管理局。

（2）年龄分布

本次调查中，26~45 周岁受访者居多，占 57.37%，46 周岁及以上的占 28.66%，25 周岁以下的占 13.97%，受访者年龄结构基本符合全省人口年龄特征（见图 2）。

（3）学历分布

本次调查中，大专及以上学历的受访者占 36.25%，大专以下学历的受访者占 63.74%（见图 3）。

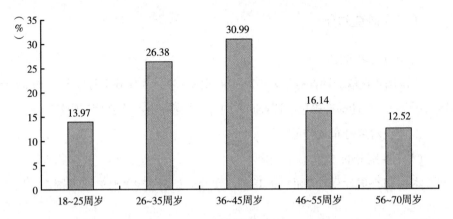

图2　年龄分布

资料来源：河北省市场监督管理局。

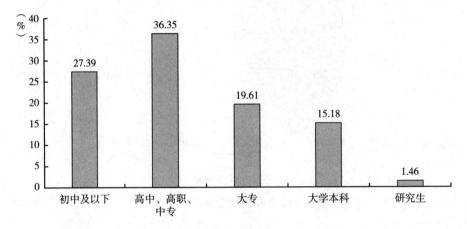

图3　学历分布

资料来源：河北省市场监督管理局。

（三）指标体系

本次食品安全群众满意度指标体系如表1所示。

表 1　食品安全群众满意度指标体系

一级指标	二级指标	三级指标
食品安全综合满意度	食品安全改善情况	本地食品安全改善情况
	主要食品种类质量放心消费程度	米、面、油放心程度
		肉、肉制品放心程度
		蔬菜、水果放心程度
		乳、乳制品放心程度
		水产类放心程度
		禽蛋类放心程度
		零副食放心程度
		酒水、饮料放心程度
	主要食品经营场所放心消费程度	商场、超市放心程度
		农贸市场放心程度
		网络订餐放心程度
		便利店、小卖铺(社区店)放心程度
		饭店、餐馆放心程度
		小摊贩、小餐饮、小作坊放心程度
		校园及校园周边放心程度
	食品安全监管现状	当地党委、政府保障食品安全所做的工作
		农药兽药残留整治工作满意度
		学校(幼儿园)食品安全监管工作满意度
		打击食品违法犯罪工作满意度
	食品安全科普宣传工作	食品安全科普宣传工作

资料来源：河北省市场监督管理局。

（四）样本量

根据《食品安全满意度调查工作指南》要求，在样本量设计时主要根据自身规模等级来确定可以接受的抽样误差水平，按照 3%～5% 的抽样误差水平来确定相应的样本量。

根据数理统计理论，在确定满意度调查样本量（样本容量）时，当总体样本量达到 10 万及以上量级时，最低的样本容量与总体样本量不存在必然联系，而主要受到误差和置信水平的影响，其计算公式为：

$$N = P^* (1 - P) Z^2 / D^2$$

其中，N：本次抽样的样本量。P：为估计的总体比例，为保障抽样最大限度满足研究需要，一般选择 P 为 50%，因为当 $P = 50\%$ 时，$P^* (1-P)$ 为最大，抽取的样本也为最大。Z：不同置信区间对应的值。D：抽样误差，即实际百分比和抽样百分比之间的差异，即 $D = P - p$（总体比例-样本比例），代表本次抽样要达到的精度，总体值无法直接确定，一般直接预估差异值。

各置信区间对应的值如表 2 所示。

表 2　不同置信区间对应的 Z 的值

置信区间	Z 的值
80%	1.282
90%	1.645
95%	1.960
99%	2.580

资料来源：河北省市场监督管理局。

不同置信区间和误差要求下，抽取的样本量也不相同（见表 3）。

表 3　不同置信区间和抽样误差下的抽样数量

单位：个

置信区间	允许误差									
	1%	2%	3%	4%	5%	6%	7%	8%	9%	10%
90.0%	6724	1681	747	420	269	187	137	105	83	67
95.0%	9604	2401	1067	600	384	267	196	150	119	96
99.0%	16641	4160	1849	1040	666	462	340	260	205	166

资料来源：河北省市场监督管理局。

满意度调查结合河北省实际情况确定置信水平和误差，根据置信水平和误差再确定抽样的样本量。

1.确定全省初步总体抽样数量

全省样本量按照99.0%的置信区间下，1%的误差范围进行抽样，根据表3，抽取的样本量应该为16641个。

2.设区市、省直管市、雄安新区样本分配

按照各设区市、省直管市、雄安新区常住人口占比分配总体16641个样本（见表4）。

表4　河北省各设区市、省直管市、雄安新区样本分配

序号	调查区域	总人口（万人）	样本分配（个）	占比（%）
1	石家庄市	1064.05	2373	14.26
2	邯郸市	941.40	2100	12.62
3	邢台市	711.11	1586	9.53
4	衡水市	421.29	940	5.65
5	沧州市	730.08	1628	9.78
6	保定市	924.26	2061	12.39
7	廊坊市	546.41	1219	7.33
8	唐山市	771.80	1721	10.34
9	秦皇岛市	313.69	700	4.21
10	承德市	335.44	748	4.49
11	张家口市	411.89	919	5.52
12	辛集市	59.46	133	0.80
13	定州市	109.60	244	1.47
14	雄安新区	120.54	269	1.62
河北省		7461.02	16641	100

资料来源：河北省市场监督管理局。

通过样本分配，获取设区市、省直管市、雄安新区的初始抽样数量。

3.各县（市、区）样本分配

根据各设区市、省直管市、雄安新区分配的样本量，按照各下辖县（市、区）常住人口占比再次分配样本量。

分配后对样本量偏少的县（市、区）样本量进行修正，具体标准按照在90%置信区间下，偏差不超过10%的最低抽样数量确定，通过计算得出，此条件下最低抽样数量为96个，因此，对于各县（市、区）分配样本数量低于96个的补齐为96个。

雄安新区、辛集市、定州市均按照500个样本设计，以满足调查精度需求。

调整后总体样本为20781个，较原计划样本16641个增加了4140个（见表5）。

表5　调整后各设区市、省直管市、雄安新区样本分布

序号	调查区域	样本占比（%）	样本分配（个）	调整后（个）	调后样本占比（%）	调整前后样本占比差值（个百分点）
1	石家庄市	14	2373	2697	13	-1.28
2	邯郸市	13	2100	2333	11	-1.39
3	邢台市	10	1586	2021	10	0.19
4	衡水市	6	940	1241	6	0.33
5	沧州市	10	1628	1939	9	-0.45
6	保定市	12	2061	2343	11	-1.11
7	廊坊市	7	1219	1287	6	-1.13
8	唐山市	10	1721	1903	9	-1.19
9	秦皇岛市	4	700	862	4	-0.06
10	承德市	4	748	1070	5	0.65
11	张家口市	6	919	1585	8	2.11
12	辛集市	1	133	500	2	1.61
13	定州市	1	244	500	2	0.94
14	雄安新区	2	269	500	2	0.79
	河北省	100	16641	20781	100	0.00

资料来源：河北省市场监督管理局。

（五）调查方法

本次满意度调查采用拦截访问、网络调查等多种方法作为调查手段。

拦截访问是指访问员在指定地点对周边群众开展随机拦截访问，就地开展一对一式的问卷调查。此调查方式具有执行效率高、成本相对较低、现场质量控制较好等优势，采用PAD工具如实记录受访者的回答。

网络调查是通过互联网平台发布问卷，由调查对象自行选择填答的调查方法。其主要优势是可以实现较大范围的覆盖，调查过程不受调查时间和调查地点限制。从样本来源角度看，网络调查可以在更为广泛的范围内，对更多人进行数据收集。

（六）数据分析

本次满意度量化测评采用 5 级量表评价法，将群众对指标体系各指标的主观感受量化。由可量化的指标组成满意度得分体系。A＝非常满意人数、B＝基本满意人数、C＝认为一般的人数、D＝不满意人数、E＝非常不满意人数，F＝不太清楚及没有参与人数，在计算总体满意度指标得分算法中，F（不太清楚及没有参与人数）由该题均值替换。满意度计算法如下：

（1）满意度满分为 100 分，其中 A~E 分别使用 5~1 分依次递减分值表示对应分值；

（2）三级指标得分＝（A×5+B×4+C×3+D×2+E×1）／（A+B+C+D+E）；

（3）指标满意度＝（指标得分／5）×100；

（4）所有设计调查项形成各细分项，并按不同归口形成对应的指标体系。

（5）二级指标满意度计算

二级指标满意度＝（三级指标 1 满意度×权重 1+三级指标 2 满意度×权重 2+…+三级指标 n 满意度×权重 n）／二级指标权重。

（6）一级指标满意度计算

满意度结果为百分制得分，满分为 100 分。

实际完成的样本量与设计样本量在性别结构、年龄结构上有较大差异时，依据全国第七次人口普查数据进行加权处理。辅助调查方法获得的配额样本可参照随机样本，进行加权处理。

六　综合满意度分析

（一）河北省食品安全总体满意度

调查结果显示，2023 年河北省食品安全总体满意度得分为 83.97 分，比 2022 年上升 0.19 分（见图 4）。

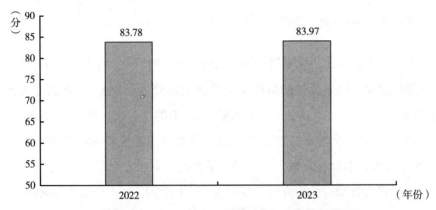

图 4　2022 年、2023 年河北省食品安全群众满意度得分

资料来源：河北省市场监督管理局。

（二）各市（区）总体满意度

本次调查中，河北省各市（区）总体满意度得分排名前 3 的市（区）为石家庄市（85.97 分）、秦皇岛市（85.72 分）、衡水市（85.35 分）；满意度得分排在后 3 位的市（区）为唐山市（82.58 分）、辛集市（82.57 分）、定州市（82.01 分）（见表 6）。

表 6　2023 年河北省各市（区）食品安全群众满意度得分及排名

单位：分

市（区）	群众满意得分	排名
石家庄市	85.97	1
秦皇岛市	85.72	2
衡水市	85.35	3
廊坊市	85.26	4
邯郸市	84.72	5
邢台市	84.50	6
沧州市	84.44	7
保定市	83.74	8
雄安新区	83.60	9
承德市	83.06	10
张家口市	83.04	11

续表

市（区）	群众满意度得分	排名
唐山市	82.58	12
辛集市	82.57	13
定州市	82.01	14
河北省总体	83.97	

资料来源：河北省市场监督管理局。

（三）各县（市、区）总体满意度

全省来看，满意度得分排名前 5 的县（市、区）为邯郸市广平县（90.77 分）、邢台市任泽区（90.66 分）、沧州市盐山县（90.48 分）、沧州市河间市（90.13 分）、保定市蠡县（89.75 分）；满意度排在后 5 位的县（市、区）为沧州市新华区（77.25 分）、唐山市滦南县（77.25 分）、张家口市蔚县（77.01 分）、保定市安国市（75.53 分）、沧州市青县（74.73 分）、承德市宽城满族自治县（73.78 分）（见表 7）。

表 7 2023 年河北省各县（市、区）食品安全群众满意度得分及排名

单位：分

市（区）	县（市、区）	满意度得分	全省排名
邯郸市	广平县	90.77	1
邢台市	任泽区	90.66	2
沧州市	盐山县	90.48	3
沧州市	河间市	90.13	4
保定市	蠡县	89.75	5
廊坊市	霸州市	89.68	6
沧州市	沧县	89.66	7
衡水市	冀州区	89.62	8
沧州市	孟村回族自治县	89.41	9
石家庄市	新华区	89.05	10
沧州市	东光县	89.03	11
衡水市	武邑县	89.01	12
石家庄市	井陉县	88.98	13

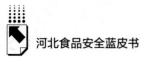
续表

市(区)	县(市、区)	满意度得分	全省排名
衡水市	武强县	88.82	14
廊坊市	固安县	88.81	15
石家庄市	长安区	88.76	16
石家庄市	元氏县	88.06	17
衡水市	阜城县	87.86	18
邢台市	巨鹿县	87.85	19
石家庄市	灵寿县	87.80	20
邢台市	广宗县	87.78	21
秦皇岛市	北戴河区	87.64	22
张家口市	怀安县	87.55	23
石家庄市	栾城区	87.52	24
承德市	鹰手营子矿区	87.24	25
保定市	博野县	87.04	26
邯郸市	大名县	87.02	27
保定市	曲阳县	86.99	28
张家口市	尚义县	86.93	29
邢台市	清河县	86.87	30
保定市	高碑店市	86.87	30
邯郸市	涉县	86.83	32
保定市	涞水县	86.83	32
秦皇岛市	卢龙县	86.78	34
衡水市	故城县	86.59	35
邯郸市	魏县	86.59	35
张家口市	万全区	86.40	37
张家口市	崇礼区	86.40	37
石家庄市	正定县	86.39	39
石家庄市	赵县	86.39	39
邯郸市	馆陶县	86.27	41
秦皇岛市	青龙满族自治县	86.26	42
承德市	围场满族蒙古族自治县	86.24	43
石家庄市	桥西区	86.21	44
沧州市	南皮县	86.13	45
唐山市	丰南区	86.10	46
衡水市	饶阳县	86.05	47
石家庄市	平山县	85.93	48

续表

市(区)	县(市、区)	满意度得分	全省排名
邯郸市	肥乡区	85.89	49
保定市	顺平县	85.80	50
唐山市	乐亭县	85.72	51
廊坊市	文安县	85.71	52
秦皇岛市	海港区	85.64	53
廊坊市	香河县	85.63	54
保定市	望都县	85.60	55
石家庄市	裕华区	85.55	56
保定市	高阳县	85.46	57
邯郸市	鸡泽县	85.31	58
保定市	易县	85.31	58
邢台市	柏乡县	85.30	60
邯郸市	永年区	85.23	61
石家庄市	鹿泉区	85.22	62
邯郸市	丛台区	85.22	62
廊坊市	大城县	85.21	64
廊坊市	三河市	85.17	65
承德市	兴隆县	85.15	66
沧州市	黄骅市	85.14	67
廊坊市	永清县	85.13	68
承德市	隆化县	85.11	69
邯郸市	邱县	85.08	70
邢台市	南宫市	85.01	71
邢台市	隆尧县	85.01	71
保定市	满城区	85.01	71
廊坊市	广阳区	85.00	74
邢台市	新河县	85.00	74
石家庄市	无极县	84.99	76
石家庄市	晋州市	84.97	77
邢台市	沙河市	84.97	77
石家庄市	井陉矿区	84.95	79
张家口市	涿鹿县	84.95	79
秦皇岛市	抚宁区	84.92	81
石家庄市	藁城区	84.83	82
雄安新区	安新县	84.83	82

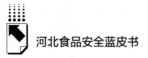

续表

市（区）	县（市、区）	满意度得分	全省排名
石家庄市	高邑县	84.72	84
秦皇岛市	山海关区	84.71	85
秦皇岛市	昌黎县	84.62	86
邯郸市	邯山区	84.61	87
邯郸市	曲周县	84.57	88
唐山市	曹妃甸区	84.40	89
衡水市	桃城区	84.30	90
沧州市	献县	84.29	91
唐山市	迁安市	84.25	92
邯郸市	峰峰矿区	84.24	93
张家口市	怀来县	84.09	94
衡水市	景县	83.99	95
承德市	承德县	83.96	96
邢台市	宁晋县	83.90	97
雄安新区	雄县	83.90	97
石家庄市	新乐市	83.88	99
唐山市	路北区	83.83	100
唐山市	古冶区	83.83	100
廊坊市	安次区	83.74	102
石家庄市	行唐县	83.68	103
邢台市	临西县	83.68	103
石家庄市	深泽县	83.64	105
沧州市	海兴县	83.64	105
张家口市	康保县	83.60	107
邢台市	襄都区	83.51	108
邢台市	临城县	83.43	109
衡水市	安平县	83.41	110
沧州市	肃宁县	83.41	110
保定市	定兴县	83.41	110
张家口市	阳原县	83.36	113
保定市	清苑区	83.30	114
沧州市	吴桥县	83.27	115
承德市	双滦区	83.26	116
邢台市	平乡县	83.24	117
保定市	竞秀区	83.19	118

续表

市（区）	县（市、区）	满意度得分	全省排名
保定市	涿州市	83.12	119
保定市	徐水区	83.12	119
承德市	双桥区	83.06	121
沧州市	运河区	83.04	122
承德市	平泉市	83.04	122
唐山市	丰润区	82.70	124
邯郸市	临漳县	82.67	125
辛集市	辛集市	82.57	126
邯郸市	磁县	82.45	127
唐山市	开平区	82.34	128
张家口市	赤城县	82.22	129
张家口市	桥东区	82.21	130
唐山市	迁西县	82.20	131
张家口市	下花园区	82.16	132
邯郸市	武安市	82.12	133
张家口市	张北县	82.08	134
邢台市	信都区	82.05	135
张家口市	桥西区	82.04	136
定州市	定州市	82.01	137
石家庄市	赞皇县	81.97	138
唐山市	遵化市	81.92	139
邢台市	威县	81.55	140
邢台市	内丘县	81.53	141
承德市	滦平县	81.52	142
唐山市	玉田县	81.50	143
邯郸市	成安县	81.46	144
承德市	丰宁满族自治县	81.44	145
唐山市	路南区	81.40	146
保定市	莲池区	81.34	147
雄安新区	容城县	81.18	148
保定市	阜平县	81.11	149
沧州市	任丘市	81.04	150
张家口市	沽源县	80.46	151
衡水市	深州市	80.45	152
邢台市	南和区	80.33	153

市（区）	县（市、区）	满意度得分	全省排名
廊坊市	大厂回族自治县	80.21	154
衡水市	枣强县	80.01	155
保定市	唐县	79.94	156
沧州市	泊头市	79.09	157
唐山市	滦州市	78.98	158
保定市	涞源县	78.42	159
张家口市	宣化区	78.29	160
邯郸市	复兴区	77.38	161
沧州市	新华区	77.25	162
唐山市	滦南县	77.25	162
张家口市	蔚县	77.01	164
保定市	安国市	75.53	165
沧州市	青县	74.73	166
承德市	宽城满族自治县	73.78	167

资料来源：河北省市场监督管理局。

（四）食品安全现状满意度评价

1. 本地食品安全改善情况满意度

调查结果显示，群众对"本地食品安全改善情况"满意度得分为83.16分，低于全省总体满意度得分（83.97分）。在食品安全改善情况方面，有78.53%的群众感受到食品安全"有所好转"，但也有9.48%的群众表示感知到食品安全"比以前差了"，需进一步丰富食品安全改善方面的举措，并在举措落地过程中鼓励群众参与共治，提升群众感知度和获得感（见图5）。

从各市（区）看，群众对食品安全改善情况满意度得分排名前3的市（区）为雄安新区（84.97分）、衡水市（84.97分）、石家庄市（84.73分），排在后3位的市（区）为定州市（81.29分）、辛集市（81.14分）、秦皇岛市（79.74分）（见图6）。

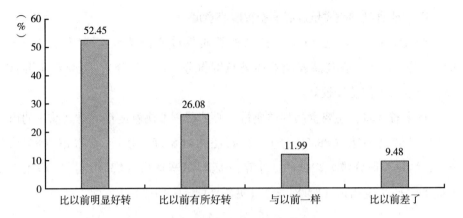

图5 本地食品安全改善情况评价

资料来源：河北省市场监督管理局。

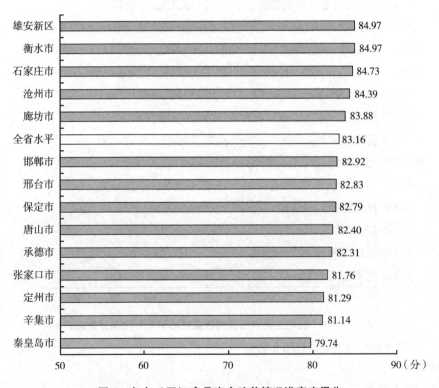

图6 各市（区）食品安全改善情况满意度得分

资料来源：河北省市场监督管理局。

2. 主要食品种类质量放心消费程度满意度

调查结果显示，全省主要食品种类质量放心消费程度满意度得分为84.78分，高于全省食品安全总体满意度得分（83.97分），群众对主要食品种类监管工作感知较好。

从全省来看，主要食品种类质量放心消费程度满意度得分排名前3的市（区）是秦皇岛市（88.70分）、石家庄市（85.81分）、衡水市（85.50分）；满意度得分排名较低的3个市（区）是辛集市（83.40分）、唐山市（82.86分）、定州市（82.81分）（见图7）。

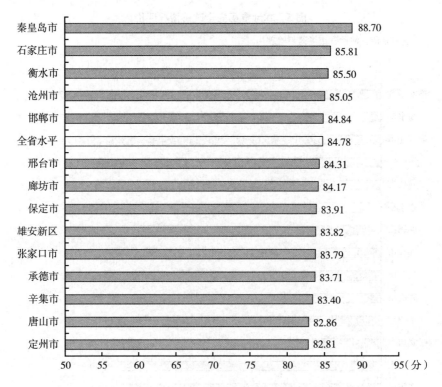

图7 各市（区）主要食品种类质量放心消费程度满意度得分

资料来源：河北省市场监督管理局。

3. 主要食品经营场所放心消费程度满意度

群众对主要经营场所放心消费程度满意度评价为82.81分，低于全省总体满意度得分（83.97分），需进一步加强对食品经营场所的监督管理。

从全省来看，主要食品经营场所放心消费程度满意度得分排名前3的市（区）是秦皇岛市（86.68分）、石家庄市（83.86分）、衡水市（83.49分）；排在后3位的市（区）是保定市（81.43分）、唐山市（80.65分）、定州市（80.07分）（见图8）。

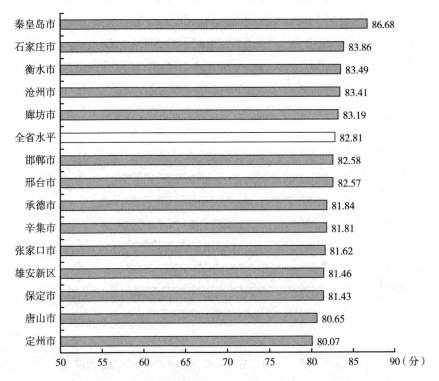

图8 各市（区）主要食品经营场所放心消费程度满意度得分

资料来源：河北省市场监督管理局。

（五）食品安全监管现状满意度评价

河北省食品安全监管现状满意度得分为85.93分，高于全省食品安全满意度总体得分（83.97分），相对表现较好，说明群众对政府及相关部门的食品安全监管工作认同度较高。

全省来看，食品安全监管现状满意度得分排名前3的市（区）是廊坊市（88.84分）、石家庄市（88.42分）、邯郸市（87.02分）；排在后3位的市（区）是张家口市（83.68分）、定州市（82.57分）、辛集市（82.44分）（见图9）。

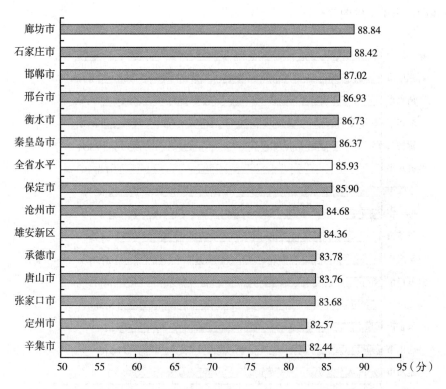

图9　各市（区）本地政府食品安全监管工作总体满意度得分

资料来源：河北省市场监督管理局。

（六）食品安全科普宣传工作满意度评价

群众对食品安全科普宣传工作满意度得分为83.12分，低于全省食品安全满意度得分（83.97分），需要进一步加强食品安全科普宣传工作。

全省来看，食品安全科普宣传工作满意度得分排名前3的市（区）是衡水市（84.97分）、沧州市（84.53分）、辛集市（84.21分）；排在后3

位的市（区）是廊坊市（82.08 分）、保定市（82.06 分）、秦皇岛市
（79.62 分）（见图10）。

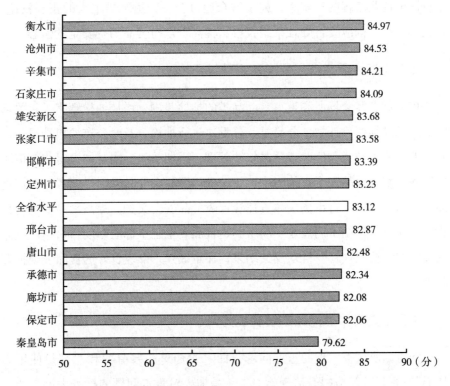

图10　各市（区）食品安全科普宣传工作满意度得分

资料来源：河北省市场监督管理局。

七　意见和建议

（一）健全和普及食品安全相关法律、法规体系

由相关部门带头，联合相关行业协会，明确经营规范，细化行业规定，
规范经营要求，健全相关法律、法规，完善食品安全标准体系，加大食品加
工生产和销售单位对食品安全法律、法规及标准体系的培训力度，提高生产

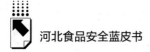

加工和销售主体层面对食品安全的重视程度。

加大群众食品安全相关法律、法规的宣传力度，提高群众对食品问题举报投诉渠道及流程的知晓率，鼓励群众通过合法渠道维护个人的正当权益，相关部门和机构应妥善处理举报投诉，提高群众对食品消费安全的信心。

（二）加大重点食品品类和经营场所执法力度

扩大重点经营场所和重点食品品类的抽检范围、增加抽检频率，相关部门应制订详细抽检计划，分品类、分批次进行抽检，及时公布抽检结果，对问题涉及的生产者和经营者严肃依法处理，限期整改。同时加大对相关市场主体和商家的食品安全宣传力度，相关部门可联合食品生产经营者，签订食品安全承诺书，履行市场主体责任和保障食品安全义务，提高食品安全重视程度，同时，根据不同行业、场所制定食品安全卫生标准制度，对生产主体或经营主体按照抽检及群众反馈结果，评定级别，形成良好的食品安全提升氛围。

（三）提升重点问题的解决能力

针对本次调查发现的重点问题，如"农药兽药残留"和"超量使用添加剂"，责任部门应提升治理能力。一是加大对重点问题的检查力度，加大对生产、销售不合规食品的经营主体的处罚力度，一经发现依法进行处罚和整改，定期督查整改状况。二是完善基础设施设备建设，对重点问题的检测设备进行完善或升级，提高检测效率，尤其是"食品添加剂"和"农药兽药残留"检测，通过检测提效促进监管提效。三是加强抽检、检测队伍建设，尤其是加强基层监管队伍和能力建设，通过细化分工、划分责任区等提效手段提高对重点区域、重点品类、重点问题的监测成效。

（四）提高食品生产经营者主体责任

在群众对食品安全问题原因的认知中，多数认为与"生产经营者守法意识和主体责任意识不强"有关，建议从三个方面提升生产经营者守法意识和主体责任意识。第一，加强食品安全宣传，相关部门可联合行业协会等以培训、活动、宣讲等形式，普及食品安全知识和相关法律法规，强化生产经营者守法观念，提高主体责任意识。第二，加强政群共治，提高群众对食品问题举报投诉渠道及流程的知晓率，鼓励群众通过合法渠道维护个人的正当权益，相关部门和机构应妥善处理举报投诉，通过增强群众维权意识来促使生产经营者提高守法意识和主体责任。第三，加大打击违法犯罪力度，针对违法经营、生产销售假冒伪劣和"三无"食品的生产经营者进行严肃、严格处理，保护合规生产者和经营者，避免出现劣币驱逐良币的情况。

后　记

　　《河北食品安全研究报告（2024）》（以下简称《报告》）在相关部门的大力支持和课题组成员的共同努力下顺利出版。《报告》全面展示了2023年河北省食品安全状况，客观总结了河北省食品安全保障工作的创新实践及有益探索。

　　参与编写的人员有赵少波、王建民、张建峰、郄东翔、赵清、甄云、马宝玲、李慧杰、郝建博、康振宇、刘姣、李越博、边佳伟、刘伯洋、魏占永、赵小月、李海涛、兰敏娟、卢雪敏、卢江河、张春旺、王睿、孙慧莹、滑建坤、马书强、郝梁丞、刘辉、王琳、韩煜、曹彦卫、宫雅雯、宋军、任瑞、刘琼、张子仑、李杨微宇、柴永金、张杰、张志军、程靓、李树昭、陈茜、李华义、李晓龙、王琳、岳韬、吕红英、张永建、刘晓柳、赵士豪、史国华、王旭、张岩、李鹏、董存亮、张鹏、刘琼辉、张兆辉、任怡卿、赵诚、苗雨欣、石旭贺、侯晋丽、黄珂、李靖、刘文慧等。

　　编写过程中，课题组得到了有关省直部门、行业协会和研究机构的积极协助，中国社会科学院食品药品产业发展与监管研究中心、河北经贸大学等给予了大力支持。在此，向所有在编写工作中付出辛勤劳动的各位领导、专家、同人表示由衷的感谢！特别向提供大量素材并提供宝贵修改意见建议的各部门相关处室（单位）、机构表示诚挚谢意。

　　最后，恳请社会各界对《报告》提出批评建议，我们将努力呈现更好的作品。

社会科学文献出版社

皮 书

智库成果出版与传播平台

❖ 皮书定义 ❖

皮书是对中国与世界发展状况和热点问题进行年度监测，以专业的角度、专家的视野和实证研究方法，针对某一领域或区域现状与发展态势展开分析和预测，具备前沿性、原创性、实证性、连续性、时效性等特点的公开出版物，由一系列权威研究报告组成。

❖ 皮书作者 ❖

皮书系列报告作者以国内外一流研究机构、知名高校等重点智库的研究人员为主，多为相关领域一流专家学者，他们的观点代表了当下学界对中国与世界的现实和未来最高水平的解读与分析。

❖ 皮书荣誉 ❖

皮书作为中国社会科学院基础理论研究与应用对策研究融合发展的代表性成果，不仅是哲学社会科学工作者服务中国特色社会主义现代化建设的重要成果，更是助力中国特色新型智库建设、构建中国特色哲学社会科学"三大体系"的重要平台。皮书系列先后被列入"十二五""十三五""十四五"时期国家重点出版物出版专项规划项目；自2013年起，重点皮书被列入中国社会科学院国家哲学社会科学创新工程项目。

皮书网

（网址：www.pishu.cn）

发布皮书研创资讯，传播皮书精彩内容
引领皮书出版潮流，打造皮书服务平台

栏目设置

◆ **关于皮书**
何谓皮书、皮书分类、皮书大事记、
皮书荣誉、皮书出版第一人、皮书编辑部

◆ **最新资讯**
通知公告、新闻动态、媒体聚焦、
网站专题、视频直播、下载专区

◆ **皮书研创**
皮书规范、皮书出版、
皮书研究、研创团队

◆ **皮书评奖评价**
指标体系、皮书评价、皮书评奖

所获荣誉

◆ 2008 年、2011 年、2014 年，皮书网均
在全国新闻出版业网站荣誉评选中获得
"最具商业价值网站"称号；
◆ 2012 年, 获得"出版业网站百强"称号。

网库合一

2014 年，皮书网与皮书数据库端口合
一，实现资源共享，搭建智库成果融合创
新平台。

皮书网

"皮书说"
微信公众号

权威报告·连续出版·独家资源

皮书数据库
ANNUAL REPORT(YEARBOOK) DATABASE

分析解读当下中国发展变迁的高端智库平台

所获荣誉

- 2022年，入选技术赋能"新闻+"推荐案例
- 2020年，入选全国新闻出版深度融合发展创新案例
- 2019年，入选国家新闻出版署数字出版精品遴选推荐计划
- 2016年，入选"十三五"国家重点电子出版物出版规划骨干工程
- 2013年，荣获"中国出版政府奖·网络出版物奖"提名奖

皮书数据库

"社科数托邦"
微信公众号

成为用户

登录网址www.pishu.com.cn访问皮书数据库网站或下载皮书数据库APP，通过手机号码验证或邮箱验证即可成为皮书数据库用户。

用户福利

- 已注册用户购书后可免费获赠100元皮书数据库充值卡。刮开充值卡涂层获取充值密码，登录并进入"会员中心"—"在线充值"—"充值卡充值"，充值成功即可购买和查看数据库内容。
- 用户福利最终解释权归社会科学文献出版社所有。

数据库服务热线：010-59367265
数据库服务QQ：2475522410
数据库服务邮箱：database@ssap.cn
图书销售热线：010-59367070/7028
图书服务QQ：1265056568
图书服务邮箱：duzhe@ssap.cn

社会科学文献出版社 皮书系列
SOCIAL SCIENCES ACADEMIC PRESS (CHINA)

卡号：925439748683
密码：

S 基本子库
SUB DATABASE

中国社会发展数据库（下设 12 个专题子库）

紧扣人口、政治、外交、法律、教育、医疗卫生、资源环境等 12 个社会发展领域的前沿和热点，全面整合专业著作、智库报告、学术资讯、调研数据等类型资源，帮助用户追踪中国社会发展动态、研究社会发展战略与政策、了解社会热点问题、分析社会发展趋势。

中国经济发展数据库（下设 12 专题子库）

内容涵盖宏观经济、产业经济、工业经济、农业经济、财政金融、房地产经济、城市经济、商业贸易等 12 个重点经济领域，为把握经济运行态势、洞察经济发展规律、研判经济发展趋势、进行经济调控决策提供参考和依据。

中国行业发展数据库（下设 17 个专题子库）

以中国国民经济行业分类为依据，覆盖金融业、旅游业、交通运输业、能源矿产业、制造业等 100 多个行业，跟踪分析国民经济相关行业市场运行状况和政策导向，汇集行业发展前沿资讯，为投资、从业及各种经济决策提供理论支撑和实践指导。

中国区域发展数据库（下设 4 个专题子库）

对中国特定区域内的经济、社会、文化等领域现状与发展情况进行深度分析和预测，涉及省级行政区、城市群、城市、农村等不同维度，研究层级至县及县以下行政区，为学者研究地方经济社会宏观态势、经验模式、发展案例提供支撑，为地方政府决策提供参考。

中国文化传媒数据库（下设 18 个专题子库）

内容覆盖文化产业、新闻传播、电影娱乐、文学艺术、群众文化、图书情报等 18 个重点研究领域，聚焦文化传媒领域发展前沿、热点话题、行业实践，服务用户的教学科研、文化投资、企业规划等需要。

世界经济与国际关系数据库（下设 6 个专题子库）

整合世界经济、国际政治、世界文化与科技、全球性问题、国际组织与国际法、区域研究 6 大领域研究成果，对世界经济形势、国际形势进行连续性深度分析，对年度热点问题进行专题解读，为研判全球发展趋势提供事实和数据支持。

法律声明